餐桌上少不了的
薯类

甘智荣◎主编

U0312805

黑 龙 江 出 版 集 团
黑龙江科学技术出版社

图书在版编目（CIP）数据

餐桌上少不了的薯类 / 甘智荣主编. -- 哈尔滨：
黑龙江科学技术出版社，2016.11
ISBN 978-7-5388-8916-1

Ⅰ．①餐… Ⅱ．①甘… Ⅲ．①薯类制食品－食品加工
Ⅳ．①TS215

中国版本图书馆CIP数据核字(2016)第233359号

餐 桌 上 少 不 了 的 薯 类

CANZHUOSHANG SHAOBULIAO DE SHULEI

主　　编	甘智荣
责任编辑	马远洋
摄影摄像	深圳市金版文化发展股份有限公司
策划编辑	深圳市金版文化发展股份有限公司
封面设计	深圳市金版文化发展股份有限公司
出　　版	黑龙江科学技术出版社
	地址：哈尔滨市南岗区建设街41号　邮编：150001
	电话：（0451）53642106　传真：（0451）53642143
	网址：www.lkcbs.cn　www.lkpub.cn
发　　行	全国新华书店
印　　刷	深圳市雅佳图印刷有限公司
开　　本	723 mm×1020 mm　1/16
印　　张	8
字　　数	120千字
版　　次	2016年11月第1版
印　　次	2016年11月第1次印刷
书　　号	ISBN 978-7-5388-8916-1
定　　价	32.80元

Contents 目录

Part 3

美味山药，
养生佳肴皆可得

Part 4

甜品、大菜的味道担当：
健康芋头

Part 1

Potato

一直很受欢迎的
"养生达人" 土豆

一直以蔬菜形象出现的土豆，

居然要跟馒头、米饭一起跃升为"主粮"了，

不再是饥荒时不得不吃的救命粮，

还摇身一变成为了养生大王，

并将逐渐成为水稻、小麦、玉米之后，

我国第四大主粮作物。

还等什么，一起来深入了解"养生达人"土豆吧！

土豆这样选存才能吃得健康

土豆是一种听起来土、看起来土，但是吃起来一点儿也不土的健康食材。当然，想要健康地吃土豆，就要从正确的选材和保存开始。

土豆的选购

购买土豆时，可根据外形、颜色、气味、肉质来判断其品质优劣。

1 观外形

土豆的外形以肥大而匀称的为好，特别是以圆形的为最好。土豆表皮深黄色，皮面干燥，芽眼较浅，无物理损伤，不带毛根，无病虫害，无发芽、变绿和蔫萎现象的为好。

2 看颜色

土豆分黄肉、白肉两种，黄的较粉，白的较甜。还有就是要看土豆皮有没有绿色，如有则代表有发芽的迹象，不宜选购。

3 闻气味

闻土豆时，无发酵酒精气味的为最好。

4 看肉质

肉质致密，水分少的土豆口感较好。

土豆的储存

土豆如果长时间存放在常温状态下，容易发芽。为了更好地保存，可采用通风储存法、冰箱冷藏法和埋沙储存法。

1 通风储存法： 应把土豆放在背阴的低温处，切忌放在塑料袋里保存，否则塑料袋会捂出热气，让土豆发芽。

2 冰箱冷藏法： 将土豆不洗直接装在保鲜袋中，放进冰箱冷藏室保存，可以保存较长时间。

3 埋沙储存法： 可以把土豆归置在一起，放在家里背光的通风处，用沙覆盖，以保持温度和干燥。

土豆的养生作用

土豆是一种同时具有粮食、蔬菜和水果等多重特点的优良食品，是世界上许多国家重要的食品品种之一。这么受欢迎，不止是因为它的美味，还因为它的养生作用。

1 疏通肠道

土豆中含有丰富的膳食纤维，有助于促进胃肠蠕动，疏通肠道。

2 抗衰老

土豆有丰富的维生素 B_1、维生素 B_2、维生素 B_6 和泛酸等 B 族维生素，以及大量的优质纤维素，具有抗衰老的功效。

3 预防胃溃疡

土豆中含有的抗菌成分，有助于预防胃溃疡。

4 瘦腿

土豆是非常好的高钾低钠食品，加之其钾含量丰富，所以还具有瘦腿的功效，很适合水肿型肥胖者食用。

5 预防坏血病

食用土豆可补充维生素 C，能预防坏血病，刺激造血功能等。土豆的这些功能是粮食类食物如大米、白面等所缺乏的。

6 促进生长发育

土豆中的无机盐，例如钙、磷、铁、钾、钠、锌、锰等，是人体健康和幼儿发育不可缺少的元素，可促进生长发育。

7 减肥

土豆淀粉中有一种抗性淀粉，具有缩小脂肪细胞的作用，具有减肥的功效。

土豆饮食的宜与忌

　　土豆虽好，却也要注意每次的食用量。而想要吃得健康，也要注意食用搭配和不同人群食用的宜忌。

食用量

每次约 130 克为宜。

人群宜忌

　　【宜】妇女白带异常者、皮肤瘙痒者、急性肠炎患者、习惯性便秘者、皮肤湿疹患者、心脑血管疾病患者。

　　【忌】糖尿病患者、腹胀者。

搭配宜忌

✔ 相宜搭配及功效

土豆 + 黄瓜
有利身体健康

土豆 + 豆角
除烦润燥

土豆 + 牛肉
酸碱平衡

土豆 + 牛奶
提供全面营养

✘ 相克搭配及后果

土豆 + 香蕉
面部会生斑

土豆 + 南瓜
降低营养价值

土豆 + 柿子
易形成胃结石

土豆 + 石榴
易引起身体不适

关于土豆的食用妙想

爱吃土豆，就要知道怎么吃土豆更方便，也可以在"吃"上，寻找更多土豆的妙用。

1
预防食用土豆后食物中毒

食用土豆时一定要去皮，特别是要削净已变绿的皮和内部的肉，不然容易使人食物中毒。

2
吃得好也要吃得靓

土豆去皮以后，如果等待下锅，可以放入冷水中，再向水中滴几滴醋，可以保持外表洁白。

3
土豆的快速剥皮法

土豆由于表面大多凹凸不平，削皮时经常连皮带肉一起削掉，十分浪费。如果把土豆放在开水中煮一下，然后再用手直接剥皮，就可很快将皮去掉，而且烹调后味道也更加鲜美。

4
意想不到的土豆烹饪妙用

做菜和熬汤的时候，有时候会因为盐放多了，导致味道偏咸，加水的话会影响汤的浓度。此时只要把洗干净的土豆切成几片，放到汤锅里煮一会儿，汤的味道就会变淡了。

胡椒土豆

【原料】

```
土豆 ·····················200 克
白洋葱 ··················100 克
小葱 ·····················10 克
```

【调料】

```
橄榄油 ··················10 毫升
盐 ························2 克
香醋 ·····················少许
红糖 ·····················3 克
蛋黄酱 ··················10 克
柠檬汁 ··················适量
黑胡椒碎 ···············少许
```

选购时可用手轻轻按压洋葱，若发现有软软的感觉，表示可能已经发霉，不宜购买。

【做法】

1. 将洗净的白洋葱切成小丁；洗净的小葱切碎，待用。

2. 白洋葱放入油锅中翻炒，加入香醋、红糖搅拌至金黄色，起锅备用。

3. 洗净的土豆倒入沸水锅中，煮熟后取出，去皮，切成小块。

4. 把白洋葱、土豆混合，加入蛋黄酱、柠檬汁、盐、黑胡椒碎搅拌均匀即可，撒上葱末即成。

奶油煮土豆

【原料】

土豆 ·························160 克

【调料】

淡奶油 ·························适量
白糖 ·························适量
干香葱 ·························适量
橄榄油 ·························适量

【做法】

1 土豆洗净泥沙，削去外皮，切成块状。

2 锅中倒入适量的清水，大火烧开，放入土豆，加入适量的淡奶油、白糖，煮至土豆熟透捞出。

3 把土豆装入盘中，淋入橄榄油拌匀，撒上干香葱即可。

葱香土豆杯

【原料】

去皮土豆	150 克
洋葱	50 克
高汤	50 毫升
蒜片	3 克
葱花	2 克

【调料】

盐	2 克
食用油	3 毫升

【做法】

1. 洗净的洋葱对半切开，切块；土豆对半切开，切块，切片。

2. 将切好的土豆片装碗，放入切好的洋葱块，加入蒜片，放入盐、食用油搅拌均匀。

3. 将拌好的食材装入杯中，摆放美观，倒入高汤，封上保鲜膜，待用。

4. 备好微波炉，放入食材，加热4分钟至熟。

5. 取出熟透的食材，撕开保鲜膜，撒上葱花即可。

土豆丝炝田七叶

【原料】

- 田七叶 ························90 克
- 干辣椒 ························10 克
- 胡萝卜 ························60 克
- 土豆 ··························80 克
- 花椒粒、蒜末 ··········各少许

【调料】

- 盐 ····························2 克
- 鸡粉 ··························2 克
- 白糖 ··························2 克
- 陈醋 ··························3 毫升
- 芝麻油 ························3 毫升
- 食用油 ························适量

【做法】

1. 洗净去皮的土豆切成薄片，再切丝；洗净去皮的胡萝卜切薄片，切成丝。

2. 锅中注入适量的清水大火烧开，倒入土豆丝、胡萝卜丝，搅拌匀汆煮断生，捞出，过一次凉水，沥干。

3. 热锅注油烧热，放入花椒、干辣椒，爆香，将炒好的香油盛出装入小碟中。

4. 取一个碗，倒入汆好的食材，加入净田七叶、蒜末，待用。

5. 将炒好的香油浇在食材上，放入盐、鸡粉、白糖、陈醋、芝麻油，搅拌匀，将拌好的食材倒入盘中即可。

西蓝花土豆沙拉

【原料】

土豆 ·························· 100 克
西蓝花 ························ 60 克
柑橘 ··························· 40 克
洋葱 ··························· 10 克

【调料】

蛋黄酱 ························ 10 克
盐 ···························· 少许

【做法】

1 土豆洗净，入沸水锅中煮熟，剥皮后切块。

2 洋葱洗净，切丝；西蓝花洗净，掰成小朵；柑橘去皮，剥成瓣。

3 净锅注水，加少许盐，烧沸，入西蓝花、洋葱焯水至断生。

4 将土豆、西蓝花、柑橘、洋葱丝装入碗中，加入蛋黄酱，搅拌均匀即可食用。

欧式开胃菜

【原料】

土豆 ·······················100 克
剑鱼肉 ·····················50 克
黄瓜 ·······················30 克
甜菜根 ·····················30 克
西生菜 ·····················少许

【调料】

鱼子酱 ·····················少许
奶酪 ·······················少许
千岛酱 ·····················适量
糖渍红醋栗 ·················适量

【做法】

1 洗净的黄瓜、甜菜根擦成丝；奶酪切薄片，折成花状；处理好的剑鱼肉切成丁。

2 洗净去皮的土豆切成丁，倒入沸水锅中煮至熟，捞出。

3 将剑鱼肉和土豆分别拌入千岛酱，备用。

4 取一盘，铺上洗净的西生菜，放上圆形模具，在底部铺一层土豆，再铺一层剑鱼肉，最后再铺一层土豆，按压至定型，去掉模具。

5 在沙拉顶部铺上一层鱼子酱，摆上黄瓜丝和甜菜根丝，点缀上奶酪、糖渍红醋栗即可。

土豆炖猪肉

【原料】

猪肉 ·······················200 克
土豆 ·······················120 克
胡萝卜 ·····················100 克
八角 ·························1 颗
花椒粒、香菜 ···············各少许
蒜末、姜末 ·················各少许

【调料】

盐 ····························2 克
鸡粉 ··························2 克
黑胡椒粉 ······················2 克
生抽 ··························8 毫升
料酒 ··························8 毫升
水淀粉 ·······················10 毫升
食用油 ·······················适量

【做法】

1 洗净的猪肉切成块；洗净去皮的土豆、胡萝卜切滚刀块；洗净的香菜切碎。

2 锅中注入适量清水烧开，倒入猪肉、料酒，氽 2 分钟，捞出。

3 锅中注入适量食用油烧热，倒入蒜末、姜末、花椒粒、八角爆香。

4 倒入猪肉，炒出香味，放入土豆、胡萝卜，淋入生抽，注入适量清水，炖 30 分钟。

5 加入盐、鸡粉、黑胡椒粉拌匀，淋入水淀粉勾芡，撒上香菜即可。

温 馨 提 示

选购猪肉时，新鲜的猪肉看肉的颜色，即可看出其柔软度。同样的猪肉，其肉色较红者，表示肉较老，此种肉肉质既粗又硬，最好不要购买。

土豆和胡萝卜可先焯水，能减少烹饪时间。

TIPS: 猪肉烹饪前，可先用盐、鸡粉、生抽腌渍片刻，能更好地入味。

培根土豆泥

【原料】

土豆	170 克
培根	40 克
洋葱	30 克
西芹	20 克
蛋黄	1 个
莳萝	少许
胡萝卜	少许

【调料】

盐	3 克
白糖	2 克
鸡粉	少许
橄榄油	少许
淡奶油	60 克

培根应选择色泽光亮、瘦肉部分呈
鲜红色或略显暗红色，肥肉部分透
明或者呈乳白色、表面没有斑点的。

【做法】

1　洗净去皮的土豆切片；处理好的
洋葱、西芹、胡萝卜、培根切碎。

2　锅注水烧热，倒入土豆，加入盐
拌匀，转小火煮 15 分钟，捞出，
装入碗中，倒入蛋黄、盐、白糖、

鸡粉、淡奶油，边搅拌边将土豆压碎。

3　奶锅中倒入橄榄油烧热，倒入培根，翻炒出
香味，放入洋葱、西芹，翻炒至熟。

4　将炒好的食材盛出装入土豆碗中，装饰上净
莳萝即可。

土豆球炖牛肉

【原料】

牛腩	300 克
土豆	120 克
胡萝卜	50 克
香叶、蒜末	各少许
欧芹叶	适量

【调料】

盐	3 克
白胡椒粉	3 克
生抽	5 毫升
水淀粉	适量
食用油	适量

【做法】

1. 洗净的牛腩切成块，焯2分钟；洗净去皮的土豆用挖球器挖成球状；洗净的胡萝卜切成丁。

2. 锅中注入适量食用油烧热，倒入蒜末、香叶爆香，放入牛腩、土豆、胡萝卜，淋入生抽，注入适量清水，炖50分钟。

3. 加入盐、白胡椒粉拌匀，淋入水淀粉勾芡。

4. 盛出，撒上洗净的欧芹叶即可。

匈牙利烩牛肉

【原料】

牛肉 ·······················200 克
洋葱、土豆、彩椒···········各 50 克
牛骨汤 ·····················100 毫升
香菜叶 ·····················少许

【调料】

黄油 ·······················20 克
月桂叶 ·····················1 片
布朗汁 ·····················300 毫升
干红葡萄酒 ·················30 毫升
盐 ·························3 克
黑胡椒粉 ···················8 克
红椒粉 ·····················10 克

【做法】

1　牛肉、洋葱、土豆、彩椒洗净切块。

2　烧热锅，加入黄油，烧至黄油熔化，将
牛肉块倒入锅中，稍微翻动，煎至上色，
下入洋葱、土豆、彩椒块，翻炒片刻，
至散发出香味。

3　加入月桂叶、红椒粉炒香，浇入干红葡
萄酒，继续翻炒，倒入牛骨汤与布朗汁，
煮至牛肉酥烂。

4　用盐、黑胡椒粉调味，盛出装盘，撒上
香菜叶即可。

黑啤炖牛肉土豆

【原料】

牛肉 ·······························350 克
黑啤酒 ·····························350 毫升
土豆块 ·····························400 克
胡萝卜片 ···························120 克
牛肉汤、蒜蓉 ·····················各适量

【调料】

盐 ································3 克
牛油 ·······························6 克
茴香、月桂叶 ·····················各少许
迷迭香 ·····························适量

【做法】

1 将牛肉洗净切块，放入锅中，加水煮 5 分钟，去除血水，再用清水洗干净。

2 锅中倒入牛肉汤，煮开，放入牛肉、土豆、胡萝卜片、月桂叶、洗净的迷迭香，倒入一罐黑啤酒，加盐拌匀。

3 煮开后加盖炖 1.5 小时至牛肉熟软。

4 另起锅，放入牛油、茴香、蒜蓉炒香。

5 将炒香的蒜蓉倒入牛肉中，拌匀，加盖，继续炖煮 15 分钟至牛肉酥烂即可。

土豆鸡蛋沙拉

【原料】

黄瓜	70 克
土豆	70 克
樱桃萝卜	40 克
鸡蛋	1 个
蕃茜	少许
葱花	少许

【调料】

盐	2 克
味精	2 克
白醋	适量

【做法】

1. 黄瓜洗净，切片；樱桃萝卜洗净，切片。

2. 土豆去皮，洗净后切片，入锅中煮熟；鸡蛋煮熟，去壳后切瓣。

3. 将鸡蛋、黄瓜、樱桃萝卜、土豆均放入碗中，拌匀。

4. 加入盐、味精、白醋拌匀，静置 5 分钟，撒蕃茜、葱花即可食用。

剁椒皮蛋蒸土豆

【原料】

皮蛋 ························2 个
土豆 ························200 克
剁椒 ························15 克
蒜蓉 ························5 克
葱花 ························2 克

【调料】

盐 ························2 克
鸡粉 ························2 克
芝麻油 ························适量

【做法】

1 将洗净去皮的土豆切开，再
   切片；去壳的皮蛋切小瓣。

2 把土豆装在碗中，撒上蒜蓉，
   加入盐、鸡粉，放入剁椒，
   搅拌一会儿，至盐分溶化。

3 转到蒸盘中，铺放整齐，再
   放入切好的皮蛋，摆好盘。

4 备好电蒸锅，烧开水后放入
   蒸盘，盖上盖，蒸约10分钟，
   至食材熟透。

5 揭盖，取出蒸盘，趁热淋入
   芝麻油，撒上葱花即可。

土豆烧鲈鱼块

【原料】

土豆 ·················· 200 克
鲈鱼 ·················· 800 克
红椒 ··················· 40 克
姜片 ···················少许
蒜片 ···················少许
葱段 ···················少许
香菜叶 ·················少许

【调料】

料酒 ·················· 10 毫升
生抽 ·················· 10 毫升
胡椒粉 ·················· 3 克
盐 ····················· 3 克
水淀粉 ·················· 5 毫升
鸡粉 ···················· 2 克
食用油 ·················适量

【做法】

1 洗净去皮的土豆斜刀切块；洗净的红椒切片；处理好的鲈鱼切段，放入1克盐、5毫升料酒、5毫升生抽、胡椒粉，搅匀，腌渍20分钟。

2 锅注油烧热，倒入土豆，炸至起皮，

捞出；再将鲈鱼放入，炸至金黄，捞出。

3 锅底留油，倒入姜片、蒜片、葱段爆香，放入鲈鱼、5毫升料酒、5毫升生抽、清水、土豆、2克盐，小火焖10分钟，加入鸡粉、红椒拌匀，倒入水淀粉收汁，盛盘，放上香菜叶即可。

土豆豆角金枪鱼沙拉

【原料】

土豆块·····················140 克
豆角、西红柿·············80 克
金枪鱼罐头···············50 克
芝麻菜·······················适量
香草碎·······················适量

【调料】

橄榄油·····················15 毫升
盐·····························2 克
白糖·························5 克
胡椒粉·······················适量

【做法】

1 豆角洗净，择好，切段；西红柿洗净，切块；芝麻菜洗净，沥干水；取出金枪鱼肉，沥干汁水。

2 将土豆、豆角放入沸水中焯熟，捞出待凉，装入碗中。

3 在碗中倒入金枪鱼、西红柿、芝麻菜拌匀，备用。

4 取一小碟，加入橄榄油、盐、白糖、胡椒粉、香草碎拌匀，调成料汁，淋在沙拉上即可。

土豆圣女果炒蛤仔

【原料】

去皮土豆 ·······················300 克
大蒜 ····························2 瓣
蛤仔 ····························100 克
圣女果 ··························150 克
香菜末 ··························少许

【调料】

盐 ·····························2 克
胡椒粉 ··························2 克
椰子油 ··························10 毫升

【做法】

1 土豆对半切开，切粗条，切块，浸泡在清水中，去除多余淀粉；大蒜切片，切碎，剁成末；洗净去蒂的圣女果，对半切开；捞出泡好的土豆块，沥干水分，装碗待用。

2 锅中倒入椰子油烧热，放入蒜末爆香，倒入土豆块翻炒，注入约 400 毫升清水，加盖，用大火煮开后转小火焖 10 分钟。

3 揭盖，放入净蛤仔，加盖，焖 5 分钟。

4 揭盖，倒入圣女果，加盖，焖 5 分钟。

5 揭盖，放入盐搅匀调味，稍稍搅烂土豆块，盛出菜肴，装盘，撒上胡椒粉、香菜末即可。

四色土豆虾仁

【原料】

鲜虾肉 ························60克
黄瓜 ·························40克
去皮土豆 ·····················100克
水发木耳 ·····················30克

【调料】

盐 ··························2克
白糖 ·························2克
鸡粉 ·························1克
芝麻油 ·······················3毫升

【做法】

1 土豆切厚片，切粗条，改切成丁；洗净的黄瓜对半切开，再切条，改切成丁；泡好的木耳切小块，待用。

2 沸水锅中倒入切好的土豆丁，搅匀，煮约5分钟至微软，放入切好的木耳，搅匀，煮约2分钟至烧开。

3 放入处理干净的虾肉，煮约1分钟至变色熟透，捞出煮熟的食材，沥干水分，装盘，放凉，待用。

4 将放凉的食材装入大碗，放入切好的黄瓜丁，加入盐、鸡粉、白糖、芝麻油拌匀，装盘即可。

土豆香肠培根汤

【原料】

```
土豆 ·························· 150 克
培根 ·························· 50 克
香肠 ·························· 70 克
胡萝卜 ······················ 30 克
蕃茜 ························· 少许
```

【调料】

```
黄油 ·························· 10 克
盐 ···························· 2 克
白胡椒粉 ···················· 2 克
淡奶油 ······················ 30 克
```

【做法】

1　洗净去皮的土豆切成块；培根、香肠切成小片；洗净去皮的胡萝卜切成丁。

2　锅烧热，放入黄油加热至熔化，倒入培根、香肠炒出香味。

3　放入土豆、胡萝卜炒匀，注入适量清水，加入淡奶油，煮至食材熟透。

4　加入盐、白胡椒粉调味，盛入碗中，撒上洗净的蕃茜即可。

温 馨 提 示

应选择表面紧致而有弹性，切面紧密、周围和中心色泽一致的香肠。

可先将培根和香肠煸炒出焦香味，再放入黄油与其他食材炒匀。

TIPS: 可在汤中按自己喜好加入黑胡椒碎等香料。

土豆猪肉杂蔬汤

【原料】

土豆 ·······················100 克
猪肉 ························80 克
红椒 ························50 克
西红柿 ·····················50 克
口蘑 ························30 克
葱段、百里香 ··············各适量

【调料】

盐 ···························2 克
生抽 ························5 毫升
生粉、食用油 ··············各适量

【做法】

1 将洗净去皮的土豆切成小块；洗净的西红柿切成丁。

2 将猪肉切成条，装入碗中，放入生抽、食用油、生粉，拌匀腌渍片刻。

3 洗净的红椒切条；洗净的口蘑切成块。

4 锅中注入食用油烧热，放入猪肉，炒至变色，加入清水，煮沸，放入土豆块、口蘑、红椒条，煮至断生。

5 倒入西红柿，煮至入味，放入盐，搅拌均匀，关火后盛入碗中，撒入葱段、百里香即可。

匈牙利牛肉汤

【原料】

牛腩 ·····················350 克
土豆 ·····················250 克
洋葱 ·····················100 克
红彩椒、黄彩椒 ·············各 15 克
青椒、欧芹、蕃茜 ···········各少许

【调料】

盐 ························3 克
白糖 ······················5 克
胡椒粉、红椒粉 ·············各 4 克
红酒、牛肉汤 ···············各适量
橄榄油、白兰地 ·············各少许

【做法】

1 食材洗净；土豆去皮切丁；红彩椒、黄
彩椒和青椒均切丁；欧芹、洋葱均切碎末；
牛腩切丁，用白兰地、1 克盐腌渍 10 分
钟至入味。

2 锅中倒入橄榄油烧热，放入洋葱碎、欧
芹碎，炸香。

3 倒入牛腩粒、土豆、红彩椒、黄彩椒、红酒、
牛肉汤、红椒粉，煮开后用小火煮 25 分钟。

4 加入 2 克盐、白糖、胡椒粉调味，盛出，
撒上蕃茜叶即成。

土豆鸡胸肉低脂汤

【原料】

鸡胸肉	200 克
土豆	80 克
花菜	70 克
胡萝卜	50 克
豆角	50 克
葱花	适量
香菜叶	适量

【调料】

盐	3 克
黄油	适量

温 馨 提 示

新鲜的鸡肉肉质紧密排列，颜色呈
干净的粉红色而有光泽；皮呈米色，
有光泽和张力，毛囊突出。

【做法】

1 处理好的鸡胸肉切成块；洗净的
花菜切成小朵。

2 洗净去皮的土豆切成块；洗净去
皮的胡萝卜切成片；洗净的豆角
切成段。

3 锅中放入黄油炒至熔化，倒入鸡胸肉炒匀，
放入土豆、胡萝卜，拌匀，注入适量清水，
煮 30 分钟至食材熟透。

4 放入花菜、豆角，加入盐，拌匀调味，煮至
食材熟透，关火，撒上葱花和香菜叶即可。

三文鱼土豆汤

【原料】

三文鱼肉 ·······················300 克
土豆 ·······························150 克
胡萝卜 ···························100 克
洋葱苗 ·····························20 克
鲜莳萝草 ···························少许
鱼骨高汤 ·······················800 毫升

【调料】

淡奶油 ·························60 毫升
盐 ···································适量
橄榄油 ·····························适量

【做法】

1 三文鱼肉洗净切大块；土豆去皮，洗净切块；胡萝卜去皮，洗净切丁；洋葱苗洗净切圈；新鲜莳萝草洗净切碎。

2 汤锅置火上，倒入鱼骨高汤，煮沸，放入三文鱼肉块、土豆块、胡萝卜丁，改小火煮 15 分钟至食材熟透。

3 加入淡奶油、盐，倒入橄榄油拌匀，再放入洋葱苗，略煮 3 分钟至汤汁入味。

4 将汤盛入碗中，撒上莳萝草即可。

土豆蒸饭

【原料】

┌ 土豆 ·······················80 克
│ 水发大米 ···············100 克
└ 葱花 ·······················2 克

【工具】

┌ 350 毫升马克杯 ···········1 个
│ 电蒸锅 ·······················1 个
└ 保鲜膜 ·······················适量

【做法】

1 洗净去皮的土豆切成片，切条，再切丁。

2 备好的杯子中放入泡发好的大米，加入土豆丁，注入适量的清水，盖上保鲜膜，待用。

3 电蒸锅注水烧开，放入食材，盖上盖，蒸 30 分钟。

4 揭盖，将食材取出，揭开保鲜膜，撒上葱花即可。

蔬菜薏米粥

【原料】

水发薏米 ·······················80 克
土豆 ····························100 克
胡萝卜 ··························50 克
仔姜 ····························30 克
莳萝碎 ··························少许
葱花 ····························少许

【调料】

盐 ······························2 克
橄榄油 ··························适量

【做法】

1　洗净去皮的土豆切成块；洗净的胡萝卜切成块；洗净去皮的仔姜切成丝。

2　锅中注入适量清水烧开，倒入水发薏米，煮 30 分钟。

3　另起锅，注入橄榄油，倒入仔姜炒匀，放入土豆、胡萝卜炒熟，备用。

4　将焯好的食材倒入薏米粥中，煮 10 分钟。

5　加入盐拌匀，盛出，撒上少许莳萝、葱花即可。

土豆亚麻籽吐司

【原料】

高筋面粉 ·····················500 克
奶粉 ·····················20 克
鸡蛋 ·····················50 克
土豆泥 ·····················60 克
亚麻籽 ·····················适量
酵母 ·····················8 克

【调料】

白糖 ·····················100 克
盐 ·····················5 克
黄奶油 ·····················70 克

【做法】

1 将白糖、200 毫升水拌匀。

2 把高筋面粉、酵母、奶粉、糖水、鸡蛋揉成面团，倒入黄奶油、盐，揉搓成光滑的面团，用保鲜膜包好，静置 10 分钟。

3 取适量面团，压扁，用擀面杖擀平制成面饼，放入土豆泥，平铺均匀，然后将其卷至成橄榄状生坯。

4 生坯放入刷有黄奶油的方形模具中，撒上亚麻籽，常温发酵 1.5 小时。

5 预热烤箱，温度调至上火 175 ℃、下火 200 ℃，将装有生坯的模具放入预热好的烤箱中，烤 25 分钟至熟，取出即可。

Sweet potato

Part 2

红薯、紫薯，
有营养就是好薯

红薯不再是最土最土的农家美味，
更多人看重的是它超强的瘦身能力、排毒能力。
紫薯中的花青素，
更是让爱美人士爱不释手。
这章就带您走进番薯的养生世界。

选好薯才能吃好薯

番薯可以生吃，可以烹制，也可以加工成多种零食。其养生效果也很好，有"长寿食品"之誉。不过，想要吃好薯，首先要懂得选购和保存。

红薯的选购

买红薯时，可根据外形、颜色、气味来判断其品质优劣。

1 观外形

选购红薯时，应挑选纺锤形状者为最佳，并且还要看表面是否光滑。

2 看颜色

表皮呈褐色或有黑色斑点的红薯，是受到了黑斑病菌的污染。黑斑病菌排出的毒素使红薯变硬、发苦，对人体的肝脏来说是一种剧毒。

3 闻气味

要用鼻子闻一闻是否有霉味。发霉的红薯含酮毒素，不可食用。

红薯的储存

红薯如果存放在常温状态下，不能储存很久。为了更好地保存，可采通风储存法、用冰箱冷藏法、包裹储存法。

1 **通风储存法：** 红薯买回来后，可放在外面晒一天，保持它的干爽，然后放到阴凉通风处。

2 **冰箱冷藏法：** 如果条件允许，可以将红薯用报纸包起来，放在冰箱保鲜室，这样红薯保存时间会更长，而且不会发芽。

3 **包裹储存法：** 先将红薯晒一晒，再用报纸包裹放在阴凉处，这样可以保存3～4个星期。

红薯与紫薯，养生是好手

相传红薯最早由印第安人培育，经菲律宾传入中国，因而又名"番薯"，是一种物美价廉的大众食品。而无论是红薯还是紫薯，都有相当好的养生功效。

1 预防心血管疾病

红薯含钾、β-胡萝卜素、叶酸、维生素 C 和维生素 B_6，这几种成分均有助于预防心血管疾病。

2 促进胃肠蠕动

红薯中富含的膳食纤维，有促进胃肠蠕动、预防便秘和结肠直肠癌的作用，可帮助消化。

3 延缓衰老

红薯中含有一种类似雌性激素的物质，对保护皮肤、延缓衰老有一定作用；紫薯含有丰富的花青素，是天然强效自由基清除剂，也可延缓衰老。

4 减肥

红薯是低脂肪、低热能的食物，同时能有效地阻止糖类变为脂肪，有利于减肥健美、通便排毒、改善亚健康。

5 补血

紫薯中含有硒和铁，这是人体抗疲劳、抗衰老、补血的必要元素。红薯中含有叶酸，叶酸参与血红蛋白的生成，因此红薯有补血益气作用。

6 预防癌症

紫薯中富含硒，能有效地修补心肌、增强机体免疫力、清除体内产生癌症的自由基，抑制癌细胞的分裂与生长。

红薯饮食的宜与忌

　　爱吃美食，就要更懂美食。而喜欢吃红薯的你，也要了解如何正确食用红薯才能让自己更加健康。

食用量

每次约 130 克为宜。

人群宜忌

【宜】一般人群皆可食用。

【忌】不宜过食，胃及十二指肠溃疡及胃酸过多的患者，湿阻脾胃、气滞食积者应慎食。

搭配宜忌

✔ 相宜搭配及功效

红薯 + 糙米
减肥

红薯 + 芹菜
降血压

红薯 + 猪排骨
促进营养吸收

红薯 + 莲子
润肠、美容

✘ 相克搭配及后果

红薯 + 柿子
易引发胃出血或胃溃疡

红薯 + 鸡肉
易导致腹痛

红薯 + 香蕉
易引起身体不适

红薯 + 海蟹
形成结石

关于红薯的食用妙想

别小看红薯，吃对了红薯，对身体可是非常有好处的。下面就来看看红薯除了用来制作美食外，还可以有哪些养生妙用。

1 红薯美味，烹饪熟透很重要

如果将红薯作为零食食用，一定要蒸熟煮透再吃，因为红薯中的淀粉颗粒不经高温破坏，难以消化。

2 红薯的营养吃法

吃红薯时应当搭配其他的谷类食物。单吃的话，由于蛋白质含量较低，会导致营养摄入不均衡。所以，将红薯切成块，和大米一起熬成粥其实是很科学的吃法。

3 红薯叶的食疗妙用

①红薯叶加油、盐炒熟，一次吃完，一天两次，可治便秘。
②生红薯叶捣烂，加红糖，贴腹脐，可治大小便不畅。

4 红薯的食疗妙用

每天早晚用红薯粉调服，可治遗精。

无花果紫薯沙拉

【原料】

无花果	50 克
紫薯	50 克
蛋挞皮	2 个
独行菜	10 克

【调料】

沙拉酱	20 克

【做法】

1 无花果洗净，切瓣；洗净去皮的紫薯切块，待用。

2 锅中注水烧开，倒入切块的紫薯，煮至熟，捞出。

3 独行菜洗净，备用。

4 将沙拉酱挤入蛋挞皮底部。

5 再将无花果、紫薯、独行菜放入蛋挞皮中即可。

温 馨 提 示

在选购无花果的时候，不要买前面裂嘴特别大的，而应该挑选那些果实上裂纹多一点，前面的口开得小一点的。

TIPS: 将新鲜的无花果切成片，临睡前贴在眼下部皮肤上，坚持使用可减轻下眼袋。

紫薯沙拉

【原料】

紫薯片 ···················200 克
牛奶 ···················50 毫升

【调料】

沙拉酱 ···················适量

【做法】

1 取电蒸笼，注入适量清水烧开，放入紫薯片，盖上盖子，将调整旋钮调至"20"的时间刻度，开始蒸制，断电后揭盖，取出紫薯片。

2 取一碗，放入蒸好的紫薯片，倒入牛奶，用筷子将紫薯夹碎，倒入袋子中。

3 用擀面杖压成泥状，在袋子的一角剪一个小口子。

4 将紫薯泥挤在备好的锡纸模具中，压平，倒扣在盘中，挤上沙拉酱即可。

红薯烧口蘑

【原料】

红薯 ·······················160 克
口蘑 ·······················60 克

【调料】

盐 ·······················2 克
鸡粉 ·······················2 克
白糖 ·······················2 克
料酒 ·······················5 毫升
水淀粉 ·······················适量
食用油 ·······················适量

【做法】

1 去皮洗净的红薯切开，改切成块；洗好的口蘑切小块。

2 锅中注入适量清水烧开，倒入切好的口蘑，淋入少许料酒拌匀，略煮一会儿，捞出口蘑，沥干水分，待用。

3 用油起锅，倒入切好的红薯，炒匀，倒入焯过水的口蘑，翻炒匀，注入适量清水，拌匀。

4 加入少许盐、鸡粉、白糖，用中火炒一会儿，至食材入味，再倒入适量水淀粉，炒匀，盛出炒好的菜肴，装入盘中即成。

姜丝红薯

【原料】

红薯 ·························· 130 克
生姜 ·························· 30 克

【调料】

盐 ······························ 2 克
鸡粉 ·························· 2 克
水淀粉 ······················ 适量
食用油 ······················ 适量

【做法】

1. 将洗净去皮的红薯切片，改切成丝；洗好去皮的生姜切片，改切成丝。

2. 锅中倒入适量清水，用大火烧开，放入红薯，搅一会儿，煮1分钟，至其断生，捞出焯煮好的红薯，沥干水分，装入碗中，待用。

3. 用油起锅，放入姜丝，炒出香味，倒入焯过水的红薯，翻炒片刻。

4. 加入适量盐、鸡粉，翻炒匀至红薯入味，再倒入少许水淀粉，快速翻炒匀，将炒好的姜丝红薯盛出，装入盘中即成。

山药紫薯甜心

【原料】

山药块 ·································200 克
紫薯块 ·································200 克

【调料】

白糖 ···································15 克
炼奶 ···································30 克

【做法】

1 备好电蒸锅，烧开水后放入山药块和紫薯块，盖上盖，蒸约 30 分钟，至食材熟透。

2 断电后揭盖，取出蒸熟的山药和紫薯。

3 放凉后将山药去皮，加入炼奶，红薯配上白糖，压碎，制成山药泥与紫薯泥。

4 再取两个模具，分别放入山药泥和紫薯泥，压紧。

5 最后将做好的甜心脱模，放在盘中，摆好盘即可。

温 馨 提 示

山药的横切面肉质应呈雪白色，这说明是新鲜的，若呈黄色似铁锈的切勿购买。

红薯蒸排骨

【原料】

排骨段·····················300 克
红薯·······················120 克
水发香菇····················20 克
葱段、姜片、枸杞···各少许
香菜叶·····················少许

【调料】

盐、鸡粉·····················各 2 克
胡椒粉·······················少许
老抽、料酒···············各 3 毫升
生抽·······················5 毫升
花椒油·······················适量

【做法】

1 去皮洗净的红薯切小块。

2 取一大碗，倒入洗净的排骨
   段，撒上姜片、葱段和枸杞，
   加入少许盐、鸡粉、料酒、
   生抽、老抽、胡椒粉、花椒
   油拌匀，腌渍约 20 分钟。

3 另取一蒸碗，先放入碗中的
   姜片、葱段和枸杞，再摆上
   洗净的香菇，放入排骨段，
   最后倒入红薯块，码放整齐。

4 蒸锅上火烧开，放入蒸碗，
   盖上盖，用大火蒸约 35 分钟，
   至食材熟透，关火后揭盖，
   取出蒸碗。

5 稍微冷却后倒扣在盘中，再
   取下蒸碗，放上香菜摆好盘
   即可。

红薯炒牛肉

【原料】

牛肉 ……………………200 克
红薯 ……………………100 克
青椒、红椒 …………各 20 克
姜片、蒜末 …………各少许
葱白 ……………………少许

【调料】

盐 …………………………4 克
食粉、鸡粉、味精……各少许
生抽 ……………………3 毫升
料酒 ……………………4 毫升
水淀粉、食用油……各适量

【做法】

1 把去皮洗净的红薯切成片；
   洗净的红椒、青椒切成小块。

2 牛肉切成片，加入食粉、生
   抽、盐、味精、水淀粉抓匀，
   加油，腌渍 10 分钟。

3 锅中注水烧开，加入盐，倒
   入红薯、青椒、红椒、食用油，
   煮沸，焯水约半分钟，捞出。

4 将牛肉倒入锅中，氽约半分
   钟至变色，捞出。

5 用油起锅，倒入姜片、蒜末、
   葱白、爆香，倒入牛肉，翻
   炒均匀，淋入料酒，翻炒。

6 再倒入红薯、青椒、红椒炒
   匀，加入生抽、盐、鸡粉炒匀，
   加入少许水淀粉勾芡，盛入
   盘中即可。

红薯蔬菜汤

【原料】

红薯	120 克
酸豆角	30 克
豆角	70 克
胡萝卜	50 克
水发芸豆	50 克
洋葱	30 克
蒜末、蕃茜碎	各少许

【调料】

盐	2 克
黑胡椒粉	3 克
食用油	适量

【做法】

1. 洗净去皮的红薯、胡萝卜切丁；洗净的洋葱切丁；洗好的酸豆角、豆角切成段。

2. 锅中注入适量食用油烧热，倒入蒜末、洋葱爆香，放入水发芸豆、胡萝卜、红薯炒匀，注入适量清水，转小火，煮 15 分钟。

3. 加入酸豆角、豆角，煮 5 分钟。

4. 加入盐、黑胡椒粉拌匀，盛出，放上蕃茜即可。

法式紫薯浓汤

【原料】

紫薯	100 克
紫甘蓝	40 克
洋葱	30 克
大蒜	8 克

【调料】

橄榄油	10 毫升
鸡粉	2 克
盐	少许

【做法】

1. 洗净去皮的紫薯切丁；洗净的紫甘蓝切碎；处理好的洋葱切块；去皮的大蒜切片。

2. 奶锅中倒入橄榄油烧热，倒入大蒜、洋葱，翻炒至洋葱变软，倒入紫薯炒匀，注入清水拌匀，盖上盖，用小火煮 5 分钟。

3. 掀开盖，倒入紫甘蓝搅拌匀，盖上盖，续煮至食材熟软，盛入碗中，待用。

4. 备好榨汁机，倒入食材，盖上盖，调转旋钮至 1 档，将食材打碎，倒入碗中。

5. 奶锅置于火上，倒入食材，用小火加热煮沸，加入盐、鸡粉，搅拌调味，盛出装入碗中即可。

紫薯银耳羹

【原料】

紫薯 ·································· 55 克
红薯 ·································· 45 克
水发银耳 ·························· 120 克

【调料】

冰糖 ·································· 适量

温 馨 提 示

优质银耳耳花大而松散，耳肉肥厚，
朵形较圆整，大而美观。如果朵形
不全，呈残状，蒂间不干净，则表
明质量差，不宜购买。

【做法】

1 将去皮洗净的紫薯切成丁。

2 去皮洗好的红薯切片，改切成条，
   再切成丁；洗净的银耳撕成小朵。

3 砂锅中注入适量清水烧热，倒入
   红薯丁、紫薯丁，搅拌匀，烧开

后用小火煮约20分钟，至食材变软。

4 加入银耳，搅散开，用小火续煮约10分钟，
   至食材熟透，放入冰糖搅拌几下，关火后盛
   出煮好的银耳羹，待稍微冷却后即可食用。

紫薯丸煮甜酒

【原料】

紫薯 ·······························110 克
糯米粉 ···························少许
鸡蛋 ·······························1 个

【调料】

甜酒 ·······························150 克

【做法】

1. 将去皮洗净的紫薯切片；将鸡蛋打入碗中，调匀，制成蛋液，待用。

2. 蒸锅上火烧开，放入紫薯片，用中火蒸约 10 分钟，取出，放凉。

3. 把放凉的紫薯片碾成泥，撒上糯米粉和匀，做成数个紫薯丸子，待用。

4. 锅中注水烧开，倒入甜酒搅散，略煮一会儿，放入紫薯丸子，用中火煮约 3 分钟。

5. 再倒入调好的蛋液，搅拌匀，至蛋花成形，盛出煮好的甜酒，装入碗中即成。

红薯核桃饭

【原料】

红薯 ·························80 克
胡萝卜 ·····················95 克
水发大米 ··················120 克
海带汤 ····················300 毫升
核桃粉 ·····················适量

【做法】

1　洗净去皮的胡萝卜切片，再切条形，改切成粒；洗好去皮的红薯切片，再切条形，改切成丁，备用。

2　砂锅中注入适量清水烧开，倒入海带汤，用大火煮沸，放入备好的大米、红薯、胡萝卜，搅拌均匀。

3　烧开后用小火煮约 20 分钟至食材熟软，撒上备好的核桃粉，搅匀。

4　用小火续煮约 15 分钟至食材熟透，搅拌片刻，将煮好的饭盛出，装入碗中即可。

红薯紫米粥

【原料】

水发紫米 ·················50 克
水发大米 ·················100 克
红薯 ·····················100 克

【调料】

白糖 ·····················15 克

【做法】

1　砂锅中注入适量清水烧开，倒入水发紫米、水发大米。

2　放入处理好的红薯，拌匀。

3　加盖，大火煮开转小火煮 40 分钟至食材熟软。

4　揭盖，加入白糖，拌匀调味。

5　关火后盛出煮好的粥，装入碗中即可。

温 馨 提 示

新米有股浓浓的清香味，陈谷新轧的米少清香味，而存放一年以上的陈米，只有米糠味，没有清香味，不宜购买。

红枣红薯粥

【原料】

水发糯米 ·····················50 克
去皮红薯 ·····················100 克
红枣 ·····························25 克
豌豆 ·····························25 克
玉米粒 ·························25 克

【调料】

冰糖 ·····························适量

【做法】

1 红薯切厚片，切粗条，切丁；洗净的红枣去核，切瓣，切小块，待用。

2 焖烧罐中放入泡好的糯米，倒入切好的红薯丁，注入沸水至八分满。

3 盖上盖子，摇晃一下，使当中食材受热均匀，预热 1 分钟，揭开盖子，倒出水。

4 放入洗净的豌豆、玉米粒，加入切好的红枣，放入冰糖，注入沸水至八分满。

5 盖上盖子，焖煮 3 小时至食材熟透成粥品。

6 揭开焖烧罐的盖子，将煮好的红枣红薯粥装碗即可。

温 馨 提 示

糯米的颜色雪白，如果发黄且米粒上有黑点，就是发霉了，不宜购买。糯米是白色不透明状颗粒，如果糯米中有半透明的米粒，则是滥竽充数，掺了大米。

可根据个人喜好，放入一些红糖一起煮粥，可起到补血的作用。

TIPS: 焖煮时需不时摇晃，以免糯米结团。

蜂蜜红薯包

【原料】

高筋面粉 …………… 170 克
低筋面粉 …………… 30 克
奶粉 ………………… 12 克
鸡蛋 ………………… 60 克
红薯片 ……………… 80 克
干酵母 ……………… 5 克
熟白芝麻、熟黑芝麻各少许

【调料】

黄奶油 ……………… 20 克
片状酥油 …………… 70 克
盐 …………………… 3 克
白糖 ………………… 50 克
蜂蜜 ………………… 适量

【做法】

1 用油纸包好片状酥油，擀薄；低筋面粉、高筋面粉、奶粉、干酵母、盐、88毫升水、白糖、40 克鸡蛋、黄奶油，揉成光滑面团，擀成薄片，放上酥油片，折叠擀平，重复折叠，擀平3次，切长条，中间划开，将两端往口子内翻数个跟斗，扭成麻花状，即成面包生坯。

2 烤盘放上生坯，用刷子刷上蛋液，中央插入红薯片。

3 预热烤箱，温度调至上火200 ℃、下火200 ℃，烤盘放入预热好的烤箱中，烤15分钟至熟，取出，淋上蜂蜜，撒上芝麻即可。

全麦红薯吐司

【原料】

全麦面粉 ················· 250 克
高筋面粉 ················· 250 克
鸡蛋 ··························· 1 个
熟红薯泥 ··················· 80 克
酵母 ·························· 5 克

【调料】

黄奶油 ····················· 70 克
盐 ··························· 5 克
白糖 ······················· 100 克

【做法】

1 将全麦面粉、高筋面粉倒在
   案台上，用刮板开窝，放入
   酵母，刮散到粉窝边，倒入
   白糖、200毫升水、鸡蛋搅散，
   混合均匀，加入黄奶油、盐，
   混合均匀，揉搓成面团；取
   适量面团，分成两个均等的
   剂子，擀开，铺上红薯泥，
   将面皮卷起，卷成橄榄状。

2 在模具内刷上一层黄油，将
   面团放进去，常温下发酵 2
   个小时。

3 将烤箱上火调 170 ℃，下火
   调 200 ℃，定时 25 分钟，
   将发酵好的生坯放入预热好
   的烤箱内。

4 待 25 分钟后，带上隔热手
   套将模具取出，将吐司脱模，
   装入盘中即可食用。

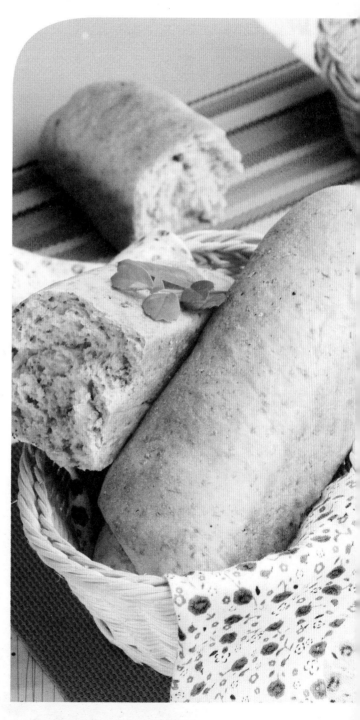

紫薯凉糕

【原料】

紫薯 ......600 克
牛奶 ......150 毫升
莲蓉馅 ......适量

【调料】

白糖 ......25 克

【做法】

1 将紫薯用清水洗净。

2 蒸锅注水烧开，放入紫薯，蒸至熟软。

3 取出蒸好的紫薯，去皮，放入碗中，压成泥。

4 再放入牛奶、白糖拌匀成团，取适量紫薯泥，压扁，放入莲蓉馅，搓成球，放入模具中，压成型，取出即可。

紫薯蛋糕卷

【原料】

- 蛋白 ····················4 个
- 蛋黄 ····················4 个
- 牛奶 ····················90 毫升
- 紫薯泥 ··················120 克
- 低筋面粉 ················80 克

【调料】

- 黄奶油 ··················40 克
- 白糖 ····················75 克
- 色拉油 ··················50 毫升

【做法】

1　将 60 毫升牛奶、色拉油、35 克白糖、低筋面粉、蛋黄搅匀，即成蛋黄糊。

2　蛋白、30 克白糖，打至起泡，即成蛋白霜。

3　把做好的蛋黄糊倒入蛋白霜中搅拌均匀。

4　在烤盘内铺一张烘焙纸，倒入混合好的材料，抹匀，放入烤箱，以上火 170 ℃、下火 170 ℃烤 18 分钟至熟。

5　取一大碗，倒入紫薯泥、黄奶油、30 毫升牛奶、10 克白糖，搅拌匀，即成紫薯馅。

6　取出烤好的蛋糕，倒扣在白纸上，撕去粘在蛋糕上的烘焙纸，抹上一层紫薯馅，用木棍将白纸卷起，把蛋糕卷成卷即可。

紫薯冻芝士蛋糕

【原料】

紫薯泥 ·····················200 克

奶油芝士 ·················180 克

牛奶 ·······················70 毫升

奥利奥饼干碎末 ·······70 克

明胶粉 ·····················10 克

【调料】

黄油 ·······················30 克

白糖 ·······················50 克

【做法】

1 取一空碗，倒入奥利奥饼干
   碎末，加入黄油，搅拌均匀。

2 取出蛋糕模具，倒入拌匀了
   黄油的饼干碎，用勺子按压
   平整，待用。

3 奶锅中倒入奶油芝士，小火
   将奶油芝士搅拌至融化，加
   入牛奶，搅拌至均匀，放入
   白糖，搅拌至融化。

4 关火，放入明胶粉，搅拌至
   融化，倒入紫薯泥，搅拌至
   均匀，制成蛋糕浆。

5 取出装有黄油饼干碎的蛋糕
   模具，加入蛋糕浆，放入冰
   箱冷冻 30 分钟至成型。

6 取出冻好的蛋糕，脱模，将
   脱模好的蛋糕装盘即可。

紫薯桂花汤圆

【原料】

紫薯 ....200 克
汤圆 ....100 克
干桂花 ....3 克

【调料】

白糖 ....3 克
醪糟 ....适量

【做法】

1 洗净去皮的紫薯切成片，再切块。

2 备好电饭锅，倒入紫薯、汤圆、醪糟。

3 再加入干桂花、白糖，注入适量的清水，搅匀。

4 盖上锅盖，选定"蒸煮"状态，定时 45 分钟。

5 待时间到，按下"取消"键。

6 开盖，将煮好的汤圆装入碗中即可。

苹果紫薯焗贝壳面

【原料】

荷兰豆 ·········· 40 克

熟贝壳面 ·········· 160 克

苹果 ·········· 100 克

去皮紫薯 ·········· 90 克

【调料】

奶酪 ·········· 40 克

盐 ·········· 3 克

黄油 ·········· 适量

温馨提示

挑选苹果的时候从颜色上要挑选红色发黄的，这样的是熟果。不要选择红色发青的，这样的是生果。

【做法】

1 洗净的苹果对半切开，去核，切片；紫薯对半切开，切片。

2 沸水锅中加入盐、黄油，加热融化，倒入贝壳面、荷兰豆，煮至熟软，将焯煮好的食材盛入盘中，摆放

上苹果片、紫薯片，再铺上奶酪，待用。

3 将烤箱打开，放入贝壳面。

4 将上下管调至 180 ℃，功能选择双管发热，时间刻度调至 10 分钟，开始烤制食材。

5 将烤好的贝壳面取出即可。

紫薯花卷

【原料】

面粉 ································· 250 克
酵母粉 ····························· 5 克
熟紫薯泥 ··························· 100 克

【调料】

食用油 ····························· 适量
白糖 ······························· 10 克

【做法】

1. 面粉、酵母粉、白糖、清水搅匀，揉搓成面团，用保鲜膜包好，在常温下发酵 2 个小时。

2. 取出面团，撒上面粉，压成饼状，将一半的紫薯泥放在面饼上，将面饼卷起包住紫薯泥，揉搓均匀，再撒些许面粉，擀成面皮，淋上适量食用油抹匀。

3. 将面皮卷成花卷生坯。

4. 电蒸锅烧开，放入花卷生坯，调转旋钮定时 15 分钟至蒸熟即可。

开花馒头

【原料】

面粉	……………	385 克
熟紫薯泥	……………	80 克
熟南瓜泥	……………	100 克
菠菜汁	……………	50 毫升
酵母粉	……………	15 克

【工具】

保鲜膜	……………	适量
擀面杖	……………	1 根

【做法】

1 110 克面粉、酵母粉、菠菜汁拌匀，揉搓成菠菜面团，用保鲜膜包好，发酵 2 小时；230 克面粉、酵母粉、清水，揉搓成面团，用保鲜膜包好，发酵 2 小时。

2 取一半面团，放入紫薯泥揉匀，制成紫薯面团；另一半的面团放入南瓜泥揉匀，制成南瓜面团。

3 将菠菜面团、南瓜面团、紫薯面团揉成长条，分成四个剂子，压扁，擀成面皮。

4 将菠菜面皮卷成一团，用南瓜面皮将其包住，再将紫薯面皮包在最外层，将口捏紧，在光滑的顶部切上"十"字花刀，放入盘中，蒸 15 分钟即可。

Part 3

Yam

美味山药，
养生佳肴皆可得

提起山药，大多数人都会想到养生。

确实，山药的养生功力是非常出类拔萃的，

这使得很多人只为养生而吃山药，

却不知道，山药也可以做出很美味的佳肴。

这章将告诉您，山药可是养生佳肴两相宜的神奇薯类。

药食同源，根据功效选山药

山药既可作为主食，又可作为蔬菜，还能制成各种美味的小吃。这么好的食材，想要把它变成美食，当然要先选好山药。

选购新鲜山药

选购山药时，可根据外形、颜色、重量来判断其品质优劣。

1 观外形

看须毛，同一品种的山药，须毛越多的越好，因为须毛越多的山药口感越粉，含山药多糖越多，营养也更好。

2 看颜色

山药的横切面肉质应呈雪白色，这说明是新鲜的，若呈黄色似铁锈的切勿购买。表面有异常斑点的山药绝对不能买，因为这可能已经感染过病害。

3 掂重量

大小相同的山药，较重的更好。

选购药用淮山片

1 观外形

药材淮山呈圆柱状，表面黄白色或淡黄色，有纵沟、纵皱纹及须根痕，质坚实，不易折断。

2 看颜色

以条粗、质坚实、粉性足、色洁白、煮之不散、口嚼不黏牙为最佳。

山药的储存

山药如果长时间存放在常温状态下，容易变质，为了更好地保存，可采用冰箱冷冻法、木屑包埋法。

1 冰箱冷冻法：购买后将山药去皮切块，依每次的食用量分装，并立即放冰箱急冻。烹调时不需要解冻，水烧开后马上下锅，既方便又能确保山药品质。

2 木屑包埋法：如果需长时间保存，应该把山药放入木锯屑中包埋起来，能有效缓解山药腐烂速度。

山药养生全知道

　　山药营养丰富，食用、药用价值都很高，自古以来就被视为物美价廉的补虚佳品。而作为现代人所推崇的养生食材，其功效更是不容小觑。

1 平补脾胃

　　山药含有淀粉酶、多酚氧化酶等物质，有利于脾胃的消化、吸收功能，是一味平补脾胃的药食两用之品。

2 抗氧化及抗衰老

　　山药多糖具有明显的体外和体内抗氧化活性作用，对自由基有清除作用，可延缓人体衰老。

3 强健机体

　　山药含有多种营养素，有强健机体、滋肾益精的作用。

4 益肺止咳

　　山药含皂苷、黏液质，有润滑、滋润的作用，可益肺气、养肺阴，辅助治疗肺虚久咳之症。

5 降血糖

　　山药中的黏液蛋白还有降低血糖的作用，对糖尿病有一定的治疗效果，是糖尿病人的食疗佳品。

6 预防心血管疾病

　　山药含有大量维生素及微量元素，能有效阻止血脂在血管壁沉积，预防心血管疾病。

山药饮食的宜与忌

吃饱还能吃好，这就是山药存在的意义。既作为食材又可作为药材的山药，吃起来可是有各种讲究的。

食用量

每次约 85 克为宜。

人群宜忌

【宜】山药适合糖尿病腹胀、病后虚弱、慢性肾炎、长期腹泻者食用。山药的滋阴作用较好，尤其适合脾虚、肺阴不足、肾阴不足者食用；而炒山药性偏微温，适合健脾止泻，肾虚者可食用。

【忌】患有感冒、发烧者不宜服用。不可与碱性药物（如胃乳片）服用，烹煮的时间不宜过久。

搭配宜忌

✔ 相宜搭配及功效

山药 + 莲子
健脾补肾，抗衰益寿

山药 + 黄芪
益气补肾

山药 + 杏仁
补肺益肾

山药 + 核桃
补中益气，强筋壮骨，健脑

✘ 相克搭配及后果

山药 + 油菜
会降低食疗功效

山药 + 香蕉
会引起腹部疼痛

山药 + 柿子
引发胃胀、腹痛、呕吐

山药 + 猪肝
降低营养价值

关于山药的食用妙想

想要吃好山药，有些小细节就需要注意了。本部分就告诉您怎么处理山药手不痒、怎么让山药不变色，还有一些山药食用的小禁忌和食疗妙用。

1 处理山药的小窍门

山药食用前要去皮，如果山药上的黏液沾到手上，易引起瘙痒，这时只需在火上方烘一下手，就可以解决；新鲜山药切开时会有黏液，极易滑刀伤手，可以先用清水加少许醋清洗，这样可减少黏液。

2 这样做，山药不变色

山药切片后需立即浸泡在盐水中，以防止氧化发黑。

3 山药的日常食用禁忌

山药不要生吃，因为生的山药里有一定的毒素。山药也不可与碱性药物同服。

4 山药的食疗妙用

对肺虚久咳、肾虚遗精等症，可取鲜山药10克捣烂，加甘蔗汁半杯和匀，炖热服食；亦可单用山药煮汁服用。

山药炒芹菜

【原料】

山药 ·························60 克
芹菜 ·························50 克
水发木耳 ···················30 克
彩椒 ·························30 克
蒜末 ·························少许

【调料】

盐 ···························2 克
鸡粉 ·························2 克
水淀粉 ·······················适量
食用油 ·······················适量

【做法】

1　山药洗净，削皮，切菱形片，将切好的山药放入淡盐水中，以防变色。

2　水发木耳洗净，切成块；彩椒洗净，切菱形片；芹菜洗净切段。

3　锅中注入适量清水烧开，注入少许食用油，倒入山药、水发木耳，焯1分钟，倒入芹菜、彩椒，焯30秒，捞出。

4　锅中注入适量食用油烧热，倒入蒜末爆香，放入焯好的食材炒匀。

5　加入盐、鸡粉炒匀，淋入水淀粉勾芡即可。

丝瓜炒山药

【原料】

丝瓜	120 克
山药	100 克
枸杞	10 克
蒜末	少许
葱段	少许

【调料】

盐	3 克
鸡粉	2 克
水淀粉	5 毫升
食用油	适量

【做法】

1. 将洗净的丝瓜对半切开，切成条形，再切成小块；洗好去皮的山药切段，再切成片。

2. 锅中注入适量清水烧开，加入少许食用油、盐，倒入山药片，搅匀，再撒上洗净的枸杞，略煮片刻，再倒入切好的丝瓜，搅拌匀，煮约半分钟，至食材断生后捞出，沥干水分，待用。

3. 用油起锅，放入蒜末、葱段，爆香，倒入焯过水的食材，翻炒匀。

4. 加入少许鸡粉、盐，炒匀调味，淋入适量水淀粉，快速炒至食材熟透即成。

腰果莴笋炒山药

【原料】

腰果	60 克
铁棍山药	150 克
莴笋	200 克
胡萝卜	100 克
蒜末	少许
葱白	少许

【调料】

盐	4 克
鸡粉	2 克
水淀粉	10 毫升
料酒	适量
食用油	适量

选购胡萝卜的时候，以形状规整，
表面光滑，且芯柱细的为佳，不要
选表皮开裂的。

【做法】

1 去皮洗净的山药、胡萝卜、莴笋
   切滚刀块。

2 锅中注水烧开，加2克盐、食用油，
   倒入胡萝卜片、莴笋片，拌匀，
   倒入山药，煮约1分钟至熟，捞出。

3 锅注油烧热，放入腰果，炸约1分钟，捞出。

4 锅底留油，放入蒜末、葱白，爆香，倒入焯
   过水的材料，翻炒均匀，加入适量盐、鸡粉，
   淋入料酒炒匀，倒入水淀粉勾芡，放入炸
   好的腰果，快速拌炒均匀，盛出装盘即可。

养生山药泥

【原料】

山药 ························300 克
山楂糕 ·····················80 克
蚕豆泥 ·····················30 克
枣泥 ························30 克
熟银杏、熟青豆 ···········各 30 克

【调料】

白糖 ·······················20 克
糖桂花 ·····················5 克
水淀粉 ·····················适量
食用油 ·····················适量

【做法】

1 山药洗净削皮，放入蒸锅中，蒸至熟透，取出，压成泥。

2 锅中注入适量食用油烧热，放入山药泥翻炒，再加白糖炒至黏稠，加少量糖桂花起锅装盘，摆好。

3 将熟银杏、熟青豆摆入盘中；蚕豆泥、枣泥、山楂糕拌成泥，装入裱花装，挤在山药泥上。

4 锅中注入少许清水烧热，倒入白糖拌至溶化，淋入水淀粉勾芡，浇在菜肴上即可。

彩椒山药炒玉米

【原料】

┌ 鲜玉米粒 ············· 60 克
│ 彩椒 ················· 25 克
│ 圆椒 ················· 20 克
└ 山药 ················ 120 克

【调料】

┌ 盐 ·················· 2 克
│ 白糖 ················· 2 克
│ 鸡粉 ················· 2 克
│ 水淀粉 ············· 10 毫升
└ 食用油 ··············· 适量

【做法】

1　洗净的彩椒切条形，改切成块；
　　洗好的圆椒切条形，改切成块；
　　洗净去皮的山药切片，再切条形，
　　改切成丁，备用。

2　锅中注入适量清水烧开，倒入玉
　　米粒，用大火略煮片刻，放入山
　　药、彩椒、圆椒。

3　加入少许食用油、盐，拌匀，煮
　　至断生，捞出焯过水的食材，沥
　　干水分，待用。

4　用油起锅，倒入焯过水的食材，
　　炒匀，加入盐、白糖、鸡粉，炒
　　匀调味，用水淀粉勾芡，盛出炒
　　好的菜肴即可。

温 馨 提 示

玉米粒没有塌陷，饱满有光，用指甲轻
轻掐，能够溅出水的为佳。如果是老的，
会干瘪塌陷，中间空。

若没有新鲜玉米，可选用罐装的甜玉米粒，口感也很好。

TIPS: 可在菜肴中加入少许白醋，会更开胃。

西红柿炒山药

【原料】

去皮山药 ……………200 克
西红柿 ……………150 克
小葱 ……………10 克
大蒜 ……………5 克

【调料】

盐 ……………2 克
白糖 ……………2 克
鸡粉 ……………3 克
水淀粉 ……………适量
食用油 ……………适量

【做法】

1 洗净的山药切成块状；洗
好的西红柿切成小瓣；剥
好的大蒜切片；洗净的小
葱切段。

2 锅中注入适量清水烧开，加
入盐、食用油，倒入山药，
焯煮片刻至断生，将焯煮好
的山药捞出，装盘备用。

3 用油起锅，倒入大蒜、小葱、
西红柿、山药，炒匀。

4 加入盐、白糖、鸡粉，炒匀，
倒入水淀粉，炒匀，翻炒约
2 分钟至熟，将炒好的菜肴
盛出，装入盘中即可。

玫瑰山药

【原料】

去皮山药 ·················150 克

奶粉 ·····················20 克

玫瑰花 ·····················5 克

【调料】

白糖 ·······················20 克

【做法】

1. 取出已烧开上气的电蒸锅，放入山药，加盖，调好时间旋钮，蒸 20 分钟至熟。

2. 揭盖，取出蒸好的山药，将蒸好的山药装进保鲜袋，倒入白糖，放入奶粉，将山药压成泥状，装盘。

3. 取出模具，逐一填满山药泥，用勺子稍稍按压紧实。

4. 待山药泥稍定型后取出，反扣放入盘中，撒上掰碎的玫瑰花瓣即可。

山药炒秋葵

【原料】

山药	200克
秋葵	100克
红椒	30克
大蒜	2瓣

【调料】

盐	2克
鸡粉	2克
食用油	适量

【做法】

1 洗净去皮的山药切滚刀块；洗净的秋葵切斜刀段；洗净的红椒切块；去皮的大蒜切片。

2 锅中注入适量食用油烧热，倒入山药块，滑油片刻，捞出。

3 另起锅，注入少许食用油，倒入蒜片爆香，放入红椒、秋葵、山药炒匀。

4 加入盐、鸡粉炒匀，盛入盘中即可。

山药泥冷豆腐

【原料】

- 秋葵 ·······················50 克
- 去皮熟山药 ···············200 克
- 北豆腐 ························1 块
- 海苔丝 ·······················少许

【调料】

- 日式酱油 ·················5 毫升
- 七味唐辛子 ·················少许
- 黑胡椒粉 ·····················少许

【做法】

1. 将熟山药装入保鲜袋中，用擀面杖将其捣碎，擀成山药泥，取出，装入碗中，备用。

2. 锅中注入适量清水烧开，倒入洗净的秋葵，焯水 30 秒，捞出，去头，斜刀切成块，装入碗中，备用。

3. 将北豆腐切成大块，摆入盘中，撒上适量黑胡椒粉。

4. 把山药泥放在豆腐上，摆好，淋上日式酱油。

5. 将秋葵围在山药泥周围，放上海苔丝，撒上七味唐辛子即可。

浇汁山药盒

【原料】

芦笋	160 克
山药	120 克
肉末	70 克
葱花	少许
姜末	少许
蒜末	少许
高汤	250 毫升

【调料】

盐	3 克
鸡粉	3 克
生粉	适量
水淀粉	适量

 温 馨 提 示

芦笋的形状以直挺、细嫩粗大的为好，笋花苞要繁密，没有长腋芽。

【做法】

1　去皮洗净的山药切片；洗净的芦笋切除根部。

2　肉末加入少许鸡粉、盐、水淀粉、葱花、姜末、蒜末拌匀，制成肉馅。

3　芦笋煮约 1 分钟。

4　山药滚上生粉，放入肉馅，再盖一片山药，捏紧，制成山药盒生坯，用中火蒸约 15 分钟。

5　锅烧热，注入高汤，加入少许盐、鸡粉、水淀粉拌匀，调成味汁。

6　取一盘，放入芦笋、山药盒，浇上味汁即成。

火龙果拌山药

【原料】

山药	100 克
火龙果	150 克
圆椒	30 克

【调料】

芝麻酱	15 克
白糖	5 克
盐	2 克
白醋	少许

【做法】

1　洗净去皮的山药切丝，泡入白醋水中，搓洗去黏液，倒入沸水锅中，焯水 1 分钟，捞出。

2　火龙果去皮，切成块；洗净的圆椒切丝。

3　取一小碟，将芝麻酱、白糖、盐倒入其中，淋入少许清水，搅拌均匀，制成味汁。

4　将火龙果、山药丝、圆椒丝拌匀，装入盘中，放入冰箱冷藏 30 分钟。

5　取出盘子，浇上调好的味汁即可。

豉椒肉末蒸山药

【原料】

去皮山药 ·············· 150 克
肉末 ················· 100 克
白菜 ················· 150 克
剁椒 ·················· 18 克
葱花 ··················· 5 克
姜末 ··················· 5 克

【调料】

盐 ···················· 3 克
胡椒粉 ················· 1 克
料酒 ················· 10 毫升
橄榄油 ················ 适量
豆豉 ··················· 5 克

【做法】

1 洗净的去皮山药斜刀切片；将洗净的白菜叶铺在盘子底部，放上切好的山药片。

2 肉馅中倒入姜末，加入盐、料酒、胡椒粉拌均匀，铺在白菜和山药上，放上剁椒。

3 取出已烧开上气的电蒸锅，放入食材，加盖，调好时间旋钮，蒸 20 分钟至熟，揭盖，取出蒸好的食材。

4 用油起锅，倒入豆豉，炸约 1 分钟至香味飘出。

5 将烧热的豆豉油淋在食材上，撒上葱花即可。

山药白果炖牛肉

【原料】

水发香菇、熟松子仁·········各 5 克

山药丁·····························30 克

熟鸡蛋块·························1 个

白果·······························10 克

牛肉块、雪梨块···············各 200 克

红枣·······························8 克

蒜末·······························少许

【调料】

盐·································3 克

鸡粉·······························2 克

胡椒粉、水淀粉···············各适量

生抽、料酒·····················各适量

【做法】

1. 白果洗净略煮一会儿；牛肉洗净氽去血水。

2. 砂锅中注入适量清水烧开，倒入氽过水的牛肉，放入备好的香菇、红枣，淋入适量料酒，盖上盖，用大火煮开后转小火煮 1 小时。

3. 揭盖，放入备好的山药、蒜末，再盖上盖，续煮 20 分钟。

4. 揭盖，倒入备好的白果、雪梨，拌匀，加入生抽、盐、鸡粉、胡椒粉，倒入水淀粉勾芡。

5. 关火后盛出炖煮好的菜肴，装入碗中，放上松子仁、鸡蛋即可。

司马怀府鸡

【原料】

鸡肉块 ·········· 600 克
去皮山药 ·········· 150 克
鸡汤 ·········· 300 毫升
葱段、姜片、香菜叶 ·········· 各少许
八角 ·········· 2 个
桂皮 ·········· 10 克

【调料】

盐 ·········· 4 克
鸡粉 ·········· 4 克
白胡椒粉 ·········· 4 克
生粉 ·········· 40 克
生抽 ·········· 5 毫升
老抽 ·········· 3 毫升
料酒 ·········· 5 毫升
食用油 ·········· 适量

【做法】

1. 山药对半切开，切滚刀块。

2. 鸡肉加入盐、鸡粉、料酒、老抽、白胡椒粉，搅拌片刻，腌渍 10 分钟，加入生粉，拌匀，待用。

3. 热锅注油烧热，倒入山药，油炸至微黄色，捞出。

4. 接着往油锅中加入鸡肉，炸至金黄色，捞出，放入碗中。

5. 往鸡肉中倒入山药、葱段、姜片、八角、桂皮、料酒、盐、鸡粉、白胡椒粉、生抽，注入鸡汤，盖上保鲜膜。

6. 电蒸锅注水烧开，放入鸡肉，蒸20 分钟，取出鸡肉，撕开保鲜膜。

7. 将汤汁倒入备好的小碗中，鸡肉倒扣在备好的盘中，淋上适量的汤汁，放上香菜叶即可。

温 馨 提 示

不要挑选肉和皮的表面比较干，或者含水较多、脂肪稀松的鸡肉。

 去皮的山药可以放在清水中保存，以免氧化。

TIPS: 炸山药时油应烧至五成热，可避免山药焦煳或夹生。

山药蓝莓椰汁

【原料】

山药 ······························80 克
蓝莓 ······························50 克
椰汁 ······························150 毫升

【调料】

蜂蜜 ······························15 克

【做法】

1 洗净去皮的山药切滚刀块，
   倒入沸水锅中，煮至熟透，
   捞出。

2 取榨汁机，倒入山药、洗
   好的蓝莓，加入椰汁，淋
   入蜂蜜。

3 启动榨汁机，将食材打碎呈
   糊状。

4 停止榨汁，将果汁倒入备好
   的容器中即可。

山药蔬菜汤

【原料】

    山药 ·····················150 克
    西芹 ·····················30 克
    菠菜 ·····················60 克
    胡萝卜 ···················50 克
    蒜末 ·····················少许

【调料】

    盐 ·······················2 克
    鸡粉 ·····················2 克
    白胡椒粉 ·················4 克
    食用油 ···················适量

【做法】

1 洗净去皮的山药、胡萝卜切
   成丁；洗净的西芹切丁；洗
   净的菠菜切成段。

2 锅中注入适量食用油烧热，
   倒入蒜末爆香，放入西芹、
   山药、胡萝卜炒匀。

3 注入适量清水，转小火煮 15
   分钟，至食材熟透。

4 倒入菠菜，搅拌均匀。

5 加入盐、鸡粉拌匀，撒入白
   胡椒粉拌匀，盛出即可。

山药素汤

【原料】

山药 ·············· 150 克
香菇 ·············· 80 克
胡萝卜 ·············· 30 克
生菜 ·············· 100 克
蒜末 ·············· 适量
高汤 ·············· 适量

【调料】

盐 ·············· 2 克
白胡椒粉、芝麻油 ·············· 各适量
食用油 ·············· 适量

【做法】

1 香菇泡软去蒂，切片；洗净去皮的山药切成片；洗净去皮的胡萝卜打上花刀，再切成薄片。

2 锅注入适量食用油烧热，倒入蒜末爆香，放入香菇、胡萝卜炒香。

3 注入高汤，煮至沸腾，放入山药，转小火煮20分钟。

4 放入洗净的生菜，搅拌片刻。

5 加入盐、芝麻油、白胡椒粉拌匀，盛出即可。

豌豆山药猪肉汤

【原料】

山药	100 克
猪肉	150 克
胡萝卜	80 克
青豆	80 克
蒜末	少许
姜末	少许

【调料】

盐	2 克
食用油	适量

【做法】

1 将洗净去皮的山药切成块；洗净的猪肉切成条。

2 将洗净去皮的胡萝卜切成片。

3 将洗净的青豆放入沸水锅中，焯熟后捞出，沥干水分。

4 锅中注油烧热，放入蒜末、姜末爆香，放入猪肉条炒香，注入适量清水，煮至沸腾，倒入山药、胡萝卜、青豆，煮至食材断生，加入盐，拌匀，盛出即可。

山药西红柿煲排骨

【原料】

山药 ·························· 70 克
西红柿 ······················ 100 克
排骨 ·························· 130 克

【调料】

料酒 ·························· 5 毫升
盐 ···························· 2 克

温 馨 提 示

品质良好的排骨，用手摸起来感觉
肉质紧密，用手指用力按压排骨，
排骨上的肉应当能迅速地恢复原状。
如果瘫软下去，则肉质就比较不好。
再用手摸下排骨表面，表面应当有
点干，或略显湿润而且不黏手。如
果黏手，则不是新鲜的排骨。

【做法】

1. 洗净去皮的山药切成厚片，再切
   块；洗净的西红柿切成块状。

2. 锅中注水烧开，将洗净的排骨倒
   入，搅匀，氽去血水，将排骨捞出。

3. 砂锅中注入适量的清水大火烧开，

倒入排骨，淋入料酒，煮开，倒入山药块，
搅拌匀，小火煮 20 分钟。

4. 倒入西红柿块，拌匀，小火煮 5 分钟，加入盐，
   搅匀调味，将煮好的汤盛出装入碗中即可。

苦瓜冬菇山药排骨汤

【原料】

排骨块	180 克
苦瓜块	60 克
山药片	30 克
水发香菇	30 克
姜片	少许
高汤	适量

【调料】

盐	2 克

【做法】

1. 锅中注入适量清水烧开，倒入洗净的排骨块，搅拌均匀，煮约2分钟，氽去血水，捞出，将排骨过一下冷水，装盘备用。

2. 砂锅中注入适量高汤烧开，倒入备好的香菇、山药、苦瓜、姜片，放入氽过水的排骨，搅拌均匀。

3. 盖上盖，用大火烧开后转小火炖1小时至食材熟透，揭开盖，加入盐拌匀调味，盛出炖煮好的汤料，装入碗中即可。

山药红枣鸡汤

【原料】

鸡肉	400 克
山药	230 克
红枣	少许
枸杞	少许
姜片	少许

【调料】

盐	3 克
鸡粉	2 克
料酒	4 毫升

【做法】

1　洗净去皮的山药切开，再切滚刀块；洗好的鸡肉切块，备用。

2　锅中注入适量清水烧开，倒入鸡肉块，搅拌均匀，淋入少许料酒，用大火煮约 2 分钟，撇去浮沫，捞出鸡肉，沥干水分，装盘备用。

3　砂锅中注入适量清水烧开，倒入鸡肉块，放入备好的红枣、山药块、姜片、枸杞，淋入料酒，盖上盖，用小火煮约 40 分钟至食材熟透。

4　揭开盖，加入少许盐、鸡粉，搅拌均匀，略煮片刻至食材入味，盛出煮好的汤料，装入碗中即可。

山药薏米虾丸汤

【原料】

虾丸 ·························250 克
山药 ·························50 克
水发薏米 ···················30 克
葱花 ·························少许

【调料】

盐 ·························2 克
鸡粉 ·························2 克
胡椒粉 ·······················适量

【做法】

1 虾丸对半切开，在两面打上
   网格花刀；洗净去皮的山药
   对切开，切成段，再切块。

2 锅中注入适量的清水烧开，
   放入山药，再加入虾丸、薏
   米，搅拌片刻。

3 盖上锅盖，煮开后转小火煮
   30 分钟。

4 揭开锅盖，放入盐、鸡粉、
   胡椒粉，搅拌调味。

5 将煮好的汤盛出装入碗中，
   撒上葱花即可。

山药酸黄瓜燕麦粥

【原料】

水发燕麦 ························· 100 克
山药 ······························· 80 克
酸黄瓜 ····························· 30 克
胡萝卜 ····························· 40 克

【调料】

盐 ································· 2 克
芝麻油 ····························· 适量

【做法】

1. 洗净去皮的山药切成块；酸黄瓜切成片；洗净的胡萝卜切成丁。

2. 锅中注入适量清水烧开，倒入水发燕麦，煮至熟透开花，捞出。

3. 另起锅，注入清水，放入山药、酸黄瓜、胡萝卜煮至熟，放入煮好的燕麦，煮片刻。

4. 加入盐拌匀，盛出后，淋入适量芝麻油即可。

Taro

Part 4

甜品、大菜的味道担当：健康芋头

芋头不止可以做菜，更是重要的粮食。

无论是单独制作佳肴或是加入其他食材一起烹饪，

抑或者制成主食，都是很重要的味觉担当。

这一章我们就来看看，

芋头是如何全方位攻占我们的餐桌的。

要做出甜咸适口的佳肴，这样选芋头

芋头既可作为主食蒸熟蘸糖食用，又可用来制作菜肴、点心，因此是人们喜爱的根茎类食品，特别是芋头总是在大菜中占有一席之地。这么美味的食材，当然要从选购开始把关，才能做出更美味的食物了。

芋头的选购

选购芋头时，可根据外形、重量、软硬、纹理来判断其品质优劣。

1 观外形
购买芋头时应挑选个头端正，表皮没有斑点、干枯、收缩、硬化及霉变腐烂的。

2 掂重量
同样大小的芋头，用手掂量下，比较轻的那个会粉些；而对"太重"的芋头则要提高警惕，芋头特别重很可能是生水严重，生了水的芋头肉质不粉，口感不好。

3 摸软硬
可以用手轻轻地捏一捏芋头，硬点的比较好，软的说明快坏了。

4 看纹理
观察芋头底部的横切面透露出的纤维组织，或者看商家切半卖的大个芋头，切面紫红色的点和丝越多越密，纹理越细腻，则说明芋头的口感越粉。

芋头的储存

芋头如果存放在常温状态下，不能储存很久，为了更好地保存，可采用通风储存法、油炸冷藏法、蒸煮冷藏法等。

1 通风储存法： 将芋头放置于干燥阴凉的地方，且要通风。需要注意的是，芋头不耐低温，故鲜芋头一定不能放入冰箱。

2 油炸冷藏法： 芋头放太久未用的话很容易腐烂，最好的保存方法是将它去皮、切块，用油炸熟，然后冷藏，下次用来烧菜比较方便。

3 蒸煮冷藏法： 若做甜食，可将芋头切片蒸熟再冷藏，烹调时直接用果汁机打碎成泥再加热即可。

芋头与养生

芋头产自我国和印度、马来西亚等热带地区，口感细软、绵甜香糯，易于消化而不会引起中毒，是一种很好的碱性食物。当然，这么好的食物，养生功效也是顶呱呱的。

1 保护牙齿

芋头中氟的含量较高，具有洁齿防龋、保护牙齿的作用。

2 提高免疫力

芋头含有一种黏液蛋白，被人体吸收后能产生免疫球蛋白，可提高机体的抵抗力。

3 调整人体的酸碱平衡

芋头为碱性食品，能中和体内积存的酸性物质，调整人体的酸碱平衡，有美容养颜、乌黑头发的作用，还可用来防治胃酸过多症。

4 帮助消化

芋头含有丰富的黏液皂素及多种微量元素，还含有丰富的膳食纤维，可帮助机体纠正微量元素缺乏导致的生理异常，同时能增进食欲，帮助消化。

芋头饮食的宜与忌

饮食宜忌，对于注重养生的人来说非常重要，因为即使是很有养生价值的食材，如果吃错了也会给人带来一些小麻烦，而吃对了则事半功倍。

食用量

每次约 80 克为宜。

人群宜忌

【宜】一般人群均可食用，特别适合身体虚弱、肠胃病、结核病、肿毒、牛皮癣、烫伤者食用。

【忌】有痰、有过敏性体质（荨麻疹、湿疹、哮喘、过敏性鼻炎）、小儿食滞、胃纳欠佳，以及糖尿病患者应少食；另外，食滞、肠胃湿热者忌食。

搭配宜忌

∨ 相宜搭配及功效

芋头 + 牛肉
养血补血

芋头 + 红枣
补血养颜

芋头 + 鲫鱼
辅助治疗脾胃虚弱

芋头 + 芹菜
补气虚，增食欲

芋头 + 粳米
促进营养的吸收与利用

芋头 + 白术
调节中气

⊗ 相克搭配及后果

芋头 + 香蕉
易造成胃痛、腹胀

芋头 + 柑橘
易造成腹泻

关于芋头的食用妙想

我们的祖先在烹饪芋头的过程中，发现了各种具有智慧的做法，无论是烹饪妙招、食用禁忌，还是食疗小秘方，都值得我们学习。

1
芋头的
日常食用禁忌

芋头生食有小毒，热食不宜过多，否则易引起闷气或胃肠积滞；芋头烹调时一定要烹熟，否则其中的黏液会刺激咽喉。

2
芋头去皮妙法

将带皮的芋头装进小口袋里（只装半袋），用手抓住袋口，将袋子在坚硬的地上摔几下，再把芋头倒出，便可以发现芋头皮全脱下了。

3
这样做，
芋头不氧化

芋头削皮之后，如果不马上烹制，必须浸泡在水中，以防止氧化。

4
芋头的食疗妙用

生芋头3千克，陈海蜇、小芋艿各300克。将生芋头晒干研细，海蜇、小芋艿加水煮烂，去渣，和入芋粉制成丸，每日2~3次，每次3~6克，可化痰散瘀、解毒消肿。

蔬菜蒸盘

【原料】

南瓜 ·························200 克
洋葱 ·························60 克
小芋头 ·····················130 克
熟白芝麻 ···················5 克
蒜蓉 ·······················少许

【调料】

椰子油 ·····················5 毫升
蜂蜜 ·······················8 克
味噌 ·······················20 克

【做法】

1. 洗净的南瓜对半切开，去籽，切成块；洗净的小芋头切去头尾，对半切开；洗净的洋葱切去头尾，切成条形。

2. 取出备好的两个竹蒸笼，摆放上洋葱、小芋头、南瓜块待用。

3. 电蒸锅注水烧开，放上蒸笼，加盖，蒸 15 分钟。

4. 往备好的碗中放上味噌、椰子油、白芝麻、蜂蜜、蒜蓉，拌匀，注入适量的温水，拌匀制成调味汁。

5. 揭盖，取出蒸笼，配上蘸料食用即可。

温 馨 提 示

选购南瓜时以新鲜、外皮红色者为佳。如果表面出现黑点，代表内部品质有问题，就不宜购买。

喜欢辛辣味的可以往酱汁中加入适量的辣椒油。

TIPS: 芋头去皮切块再蒸制，更方便食用。

茄汁香芋

【原料】

香芋 ·····················400 克
蒜末 ·····················少许
葱花 ·····················少许

【调料】

白糖 ·····················5 克
番茄酱 ·····················15 克
水淀粉 ·····················适量
食用油 ·····················适量

【做法】

1　将洗净去皮的香芋切厚块，切条，改切成丁。

2　锅中注入适量食用油，烧至六成热，放入切好的香芋，炸约1分钟至其八成熟，将炸好的香芋捞出，备用。

3　锅底留油，放入蒜末，爆香，加入适量清水。

4　倒入香芋，加入适量白糖、番茄酱，炒匀调味，倒入适量水淀粉，快速拌炒均匀。

5　将锅中材料盛出，装入盘中，再撒上葱花即成。

素炒芋头片

【原料】

去皮芋头 ······················230 克
彩椒 ·····························10 克
红椒 ·····························5 克
葱花 ·····························少许

【调料】

盐 ·······························2 克
白糖 ····························2 克
鸡粉 ····························3 克
食用油 ·························适量

【做法】

1. 洗净的芋头切片；洗好的红椒切粗条，改切成丁；洗净的彩椒切粗条，改切成丁。

2. 用油起锅，放入芋头片，油煎约 2 分钟至微黄色。

3. 倒入红椒、彩椒，炒匀，加入盐、鸡粉、白糖，翻炒约 2 分钟至熟，放入葱花，炒匀。

4. 关火后将炒好的芋头片盛出装入盘中即可。

麻辣小芋头

【原料】

芋头 ·······················500 克
干辣椒 ·····················10 克
蒜末、葱花 ·················各少许

【调料】

花椒 ·······················5 克
豆瓣酱 ·····················15 克
盐 ·························2 克
鸡粉 ·······················2 克
辣椒酱 ·····················8 克
水淀粉 ·····················5 毫升
食用油 ·····················适量

【做法】

1 热锅注油，烧至三四成热，倒入去皮洗净的芋头搅拌片刻，炸约1分钟，至其呈金黄色，捞出炸好的芋头，沥干油，待用。

2 锅底留油烧热，倒入备好的干辣椒、花椒、蒜末，爆香，倒入豆瓣酱，翻炒出香辣味。

3 放入芋头，翻炒均匀，注入少许清水，加入盐、鸡粉、辣椒酱，炒匀调味。

4 盖上锅盖，烧开后用小火焖煮约15分钟至食材熟软。

5 揭开锅盖，倒入适量水淀粉拌炒均匀，盛出炒好的芋头，撒上葱花即可。

素蒸芋头

【原料】

去皮芋头 ....500 克
葱花 ....适量

【调料】

生抽 ....5 毫升
食用油 ....适量

【做法】

1 洗净去皮的芋头切滚刀块，装盘。

2 电蒸锅注水烧开，放入切块的芋头，加盖，用大火蒸 30 分钟至芋头熟软。

3 揭盖，取出蒸好的芋头，撒上葱花，待用。

4 用油起锅，烧至八成热，关火后将热油淋在芋头上。

5 浇上生抽即可。

霜裹香芋

【原料】

香芋	300 克
橙子皮	少许
小葱	少许

【调料】

白糖	50 克
食用油	适量

温 馨 提 示

用手轻压橙子表皮，弹性好说明皮层轻薄，果肉饱满，好吃一些。也可以看橙子表皮的结构，果肉细洁的皮薄，粗糙的皮厚。

【做法】

1. 洗净去皮的香芋切成条；洗净的橙子皮擦成末；洗净的小葱切碎。

2. 锅中注油烧热，倒入香芋条，中火炸 8 分钟，捞出，沥干油。

3. 锅中注入 100 毫升清水，倒入白糖，搅拌均匀，小火煮成糖浆，直至糖浆的气泡由大变小，呈浓稠状且色泽稍变。

4. 将香芋条、橙子皮、小葱倒入锅中，使其裹上糖浆后立即关火，再迅速翻炒片刻，翻炒至香芋条外缘起白霜，盛入盘中即可。

豆腐烧芋头

【原料】

豆腐 ························· 150 克
芋头 ························· 200 克
红椒 ··························· 少许
香菜碎 ························· 少许

【调料】

盐 ····························· 2 克
鸡粉 ··························· 2 克
食用油 ························· 适量

【做法】

1　豆腐洗净切块，用沸水浸烫数分钟，捞出，沥干水分。

2　洗净去皮的芋头切成块。

3　锅中注入适量食用油烧热，放入芋头煸炒片刻，再注入适量清水，

煮 15 分钟。

4　放入豆腐烧至汤汁浓白，放入盐、鸡粉拌匀调味，撒上红椒片煮至断生，盛出，撒上香菜碎即可。

红枣芋头

【原料】

去皮芋头 ·····························250 克
红枣 ·····································20 克

【调料】

白糖 ·····································适量

【做法】

1　洗净的芋头切片。

2　取一盘，将洗净的红枣摆放在底层中间，
盘中依次均匀铺上芋头片，顶端再放入
几颗红枣。

3　蒸锅注水烧开，放上摆好食材的盘子，
加盖，用大火蒸 10 分钟至熟透。

4　揭盖，取出芋头及红枣，撒上白糖即可。

芋头烧肉

【原料】

五花肉 ································· 220 克
芋头块 ································· 180 克
姜片 ······································· 2 克
蒜头 ······································· 3 克
葱花 ······································· 5 克

【调料】

老抽 ······································· 2 毫升
生抽 ······································· 4 毫升
豆瓣酱 ··································· 20 克
料酒 ······································· 4 毫升
食用油 ··································· 适量

【做法】

1. 洗净去皮的芋头切条形，斜刀切成菱形块；处理好的五花肉切成块。

2. 热锅注油，烧至五成热，倒入芋头搅拌均匀，转小火炸 3 分钟，捞出。

3. 锅底留油烧热，倒入五花肉，翻炒至变色，加入老抽，翻炒上色，淋入生抽，炒匀。

4. 倒入姜片、蒜头、豆瓣酱，翻炒出香味，注入少许的清水，烧至沸腾，用小火煮约 25 分钟，淋入少许料酒，倒入芋头，盖上锅盖，用中火焖约 15 分钟。

5. 揭开锅盖，搅拌片刻，转大火收汁，盛出炒好的菜肴，撒上葱花即可。

芋头扣肉

【原料】

五花肉 ·····················550 克
芋头 ·······················200 克
八角、草果、桂皮 ········各少许
葱段、姜片 ···············各适量

【调料】

盐 ···························3 克
蜂蜜 ························10 克
蚝油 ························7 克
生抽 ························4 毫升
料酒 ························8 毫升
老抽 ························20 毫升
鸡粉、水淀粉、食用油······各适量

【做法】

1　锅中注入清水烧热，放入备好的五花肉、料酒，烧开后用中小火煮约 30 分钟，捞出，放凉后抹上适量老抽、蜂蜜，腌渍一会儿；去皮洗净的芋头切片。

2　热锅注油，烧至四五成热，倒入五花肉搅拌匀，用中火炸约 2 分钟，捞出，放凉；油锅中放入芋头片，用中火炸约 1 分钟，至食材断生，捞出；五花肉切成厚度均匀的片。

3　用油起锅，倒入姜片、葱段爆香，放入八角、草果、桂皮炒出香味，倒入肉片炒匀，淋入料酒炒匀，注入适量清水，加入适量蚝油、盐、鸡粉、生抽、老抽拌匀，大火煮沸，中小火煮约 30 分钟，盛出。

4　取一蒸碗，依次放入肉片和芋头片，码放整齐，再浇上碗中的肉汤汁，待用。

5　蒸锅上火烧开，放入蒸碗，用大火蒸约 50 分钟，取出；取一盘子，盖在蒸碗上，翻转位置，使蒸碗扣在盘中，沥出汁水，装在小碗中，再取下蒸碗，摆好盘，备用。

6　锅里注入碗中汁水加热，滴上老抽拌匀，用水淀粉勾芡，制成稠汁，浇在盘中即可。

这道菜的五花肉最好要选三层肉，而且肉质紧实、呈四方块状的才好，
TIPS: 炸前再用牙签在肉皮上扎洞，可将油脂抽除，吃起来不会油腻。

两广香芋

【原料】

去皮芋头 ·················300 克
广式腊肠 ·················30 克
蒜末 ·····················7 克
熟花生 ···················20 克
姜片 ·····················5 克
葱段 ·····················5 克

【调料】

盐 ·······················3 克
鸡粉 ·····················3 克
食用油 ···················适量

【做法】

1 洗净的腊肠斜刀切成片；洗
   净的芋头切厚片，再切块。

2 锅中注入适量食用油，烧至
   六成热，倒入芋头，搅拌炸
   至焦黄，捞出沥油，待用。

3 热锅注油，放入腊肠，翻炒
   出香味，放入姜片、葱段、
   蒜末，炒香。

4 放入芋头，翻炒均匀，放入
   盐、鸡粉、翻炒均匀。

5 放入熟花生，翻炒均匀，捞
   起出锅，放入盘中即可。

虾酱芋头

【 原料 】

芋头 ....200 克

丝瓜 ....100 克

火腿片 ....30 克

红椒片 ....10 克

【 调料 】

虾酱 ....50 克

【 做法 】

1　洗净去皮的丝瓜切滚刀块；
洗好去皮的芋头切滚刀块。

2　取一个盘子，放入丝瓜、芋
头、火腿、红椒，待用。

3　蒸锅中注入适量清水烧开，
放上摆放好的食材，盖上盖，
用小火蒸 30 分钟至熟。

4　关火后揭盖，取出蒸好的菜
肴，食用时配上虾酱即可。

新鲜丝瓜表皮为嫩绿色或淡绿色，
若皮色枯黄，则该瓜过熟而不能
食用。

芋头排骨煲

【原料】

芋头 ····················400 克
排骨 ····················250 克
葱花 ····················适量

【调料】

盐 ····················2 克

温 馨 提 示

新鲜的排骨外观颜色鲜红，最好呈
粉红色，不能太红或者太白。

【做法】

1. 洗净去皮的芋头切丁。

2. 锅中注入适量的清水大火烧开，
   倒入备好的排骨，汆煮去除杂质，
   将排骨捞出，沥干水分，待用。

3. 锅中注入水大火烧热，倒入排骨，
   盖上锅盖，大火煮开转小火焖20分钟。

4. 揭开锅盖，倒入芋头块，搅拌匀，盖上盖，
   小火续焖10分钟至熟透。

5. 揭开锅盖，加入盐，搅拌调味，将煮好的菜
   盛出装入碗中，撒上葱花即可。

芋头烧牛柳

【原料】

牛肉	200 克
芋头	200 克
姜片、葱段、蒜末	各 4 克
香菜	3 克

【调料】

盐、鸡粉	各 2 克
料酒	5 毫升
生抽	6 毫升
水淀粉	4 毫升
食用油	适量

【做法】

1. 洗净去皮的芋头切块；处理好的牛肉斜刀切成片，待用。

2. 锅注油烧热，倒入牛肉拌匀，炸至变色，捞出；再倒入芋头，搅拌匀，炸至微黄色，捞出。

3. 热锅注油烧热，倒入葱段、姜片爆香，放入牛肉、芋头、蒜末翻炒片刻，淋入料酒、生抽，翻炒片刻，注入适量清水，加入盐，拌一下。

4. 用中火焖 30 分钟，放入鸡粉，翻炒片刻，淋上水淀粉翻炒收汁，盛出，撒上香菜即可。

干煸芋头牛肉丝

【原料】

牛肉 ······270 克
鸡腿菇 ······45 克
芋头 ······70 克
青椒 ······15 克
红椒 ······10 克
姜丝、蒜片 ······各少许

【调料】

盐 ······3 克
白糖、食粉 ······各少许
料酒 ······4 毫升
生抽 ······6 毫升
食用油 ······适量

【做法】

1 将去皮洗净的芋头切丝；洗好的鸡腿菇切粗丝；洗净的红椒、青椒切丝。

2 洗好的牛肉切丝，撒上少许姜丝、料酒、盐、食粉、生抽拌匀，腌渍约 15 分钟。

3 热锅注油烧热，倒入芋头丝拌匀，用中火炸成金黄色，捞出；再倒入鸡腿菇搅散，用小火炸一会儿，捞出。

4 用油起锅，撒上余下的姜丝，放入蒜片，爆香，倒入肉丝炒匀，至其变色。

5 倒入红椒丝、青椒丝，炒匀，放入芋头丝和鸡腿菇炒散，加入少许盐、生抽、白糖，用大火翻炒匀，至食材熟透即可。

萝卜芋头蒸鲫鱼

【原料】

- 净鲫鱼 ·····················350 克
- 白萝卜 ·····················200 克
- 芋头 ·······················150 克
- 姜末、蒜末、花椒 ···········各少许
- 姜片、葱段、干辣椒 ·········各适量
- 葱丝、红椒丝、姜丝 ·········各少许

【调料】

- 豆豉 ·······················35 克
- 盐 ·························4 克
- 生抽 ·······················3 毫升
- 料酒 ·······················6 毫升
- 白糖、食用油 ···············各适量

【做法】

1. 去皮洗净的白萝卜切细丝；去皮洗净的芋头切片；处理干净的鲫鱼切上花刀；洗好的豆豉切碎；鲫鱼放盘中，撒上少许盐、料酒，在刀口处塞入姜片，腌渍。

2. 用油起锅，倒入豆豉、干辣椒、姜末、蒜末、葱段炒匀，加入适量生抽、盐、白糖炒匀，盛出材料，装在味碟中，制成酱菜。

3. 取一蒸盘，放入萝卜丝，铺上芋头片，再放上鲫鱼，盛入酱菜，用大火蒸约 10 分钟，取出，撒上葱丝、红椒丝和姜丝。

4. 用油起锅，放入备好的花椒，炸出香味，盛出，浇在菜肴上即可。

芋头西米露

【原料】

去皮芋头 ·························150 克
西米 ···································60 克

【调料】

白糖 ·································10 克

（温）（馨）（提）（示）

购买西米时切忌选择散装西米，尽量选择包装上标注泰国进口的西米。

【做法】

1 洗净的芋头切开，切厚片，切粗条，改刀切块。

2 锅中注水烧开，倒入西米，拌匀，用中小火煮10分钟至成半透明状，捞出煮好的西米，放入凉水中。

3 锅中注水烧开，倒入芋头，用大火煮开后转小火煮15分钟，加入白糖，搅拌至溶化。

4 捞出凉水中的西米，放入碗中待用。

5 关火后盛出煮好的芋头甜汤，放入装有西米的碗中即可。

椰汁芋圆

【原料】

芋头 ·······················100 克
红薯 ·······················100 克
紫薯 ·······················100 克
高筋面粉 ···················200 克
木薯粉、猕猴桃、椰奶·······各适量

【调料】

白糖 ·······················适量

【做法】

1 猕猴桃榨成猕猴桃浓汁；芋头、红薯、紫薯洗净去皮切开，蒸至熟透，压成泥状；红薯泥、紫薯泥分别混入白糖、芋泥和木薯粉揉成面团；再把猕猴桃汁混入高筋面粉中，加入适量白糖、芋泥和木薯粉，揉成面团。

2 面团搓成细条，切成颗粒状，制成小丸子。

3 锅中注水烧开，加入少量白糖、椰奶，将各色小丸子放入锅中，煮至小丸子熟透浮起，盛出即可。

红薯芋头甜汤

【原料】

去皮芋头 ·················· 60 克

去皮马蹄 ·················· 60 克

去皮红薯 ·················· 60 克

【调料】

红糖 ·························· 15 克

【做法】

1. 马蹄切成厚片，改切成丁；芋头切片，切成条状，改切成丁；去皮红薯切成厚片，切条状，改切成丁。

2. 往焖烧罐中倒入芋头丁、马蹄丁、红薯丁，注入开水至八分满。

3. 旋紧盖子，摇晃片刻静置 1 分钟，使得食材和焖烧罐充分预热，揭盖，将里面的开水倒出。

4. 再次加入开水至八分满，旋紧盖子，再次摇晃片刻，使食材充分混匀，焖烧 3 个小时。

5. 揭盖，倒入红糖，充分拌匀至入味，将焖烧好的甜汤盛入备好的碗中即可。

香芋煮鲫鱼

【原料】

净鲫鱼 ·················· 400 克
芋头 ···················· 80 克
鸡蛋液 ·················· 45 克
枸杞 ···················· 12 克
姜丝、蒜末 ············· 各少许

【调料】

盐 ······················ 2 克
白糖 ···················· 少许
食用油 ·················· 适量

【做法】

1. 去皮洗净的芋头切细丝；处理干净的鲫鱼切一字花刀，撒上盐抹匀，腌渍约15分钟。

2. 热锅注油烧热，倒入芋头丝，炸出香味，捞出。

3. 用油起锅，放入鲫鱼炸至两面断生后捞出。

4. 锅留底油烧热，撒上姜丝，爆香，注入适量清水，放入炸好的鲫鱼，大火煮沸，盖上盖，用中火煮约6分钟。

5. 揭盖，倒入芋头丝，撒上蒜末、备好的枸杞搅匀，再放入鸡蛋液，煮成型。

6. 加入少许盐、白糖，转大火煮约2分钟，盛出煮好的菜肴，装在碗中即可。

芋头莲子芡实汤

【原料】

芋头 ·····················200 克
水发芡实 ·················50 克
水发莲子 ·················100 克
红枣 ·····················5 克

【调料】

盐 ·······················3 克
鸡粉 ·····················2 克
芝麻油 ···················适量

【做法】

1 将洗净去皮的芋头切开，再切成小块状。

2 砂锅中注入适量清水烧开，倒入水发芡实以及去过芯的水发莲子，盖上盖，烧开后用小火焖煮 30 分钟，至食材变软。

3 揭盖，倒入红枣以及芋头，搅匀，盖上盖，用小火续煮约 20 分钟，至食材熟透。

4 揭盖，加入盐、鸡粉、芝麻油拌匀，装在碗中，稍稍冷却后食用即可。

火腿香芋卷

【原料】

低筋面粉 ·····················500 克
酵母 ·····························5 克
火腿条 ·······················100 克
香芋条 ·······················100 克

【调料】

白糖 ····························50 克
食用油 ··························适量

【做法】

1 低筋面粉、酵母、白糖、清水混合均匀，揉搓至面团纯滑，制成面团，放入保鲜袋中，包紧、裹严实，静置约 10 分钟。

2 热锅注油，烧至五成热，倒入香芋搅匀，炸约 3 分钟，捞出；再把火腿放入油锅中搅匀，炸出香味，捞出。

3 取适量面团，搓成长条，擀成面皮，切成两片，把香芋和火腿放在面片上，卷起，裹好，制成 4 个火腿香芋卷生坯。

4 在蒸盘上刷上一层食用油，放入火腿香芋卷生坯，盖上盖，发酵 1 小时，用大火蒸约 10 分钟，装盘即可。

芋头饭

【原料】

芋头 ····················· 260 克
猪瘦肉 ················· 120 克
水发大米 ············· 200 克
鲜鱿鱼 ··················· 40 克
海米 ······················· 20 克
蒜末、葱花 ··········· 各少许

【调料】

盐 ··························· 2 克
鸡粉 ······················· 2 克
料酒 ··················· 5 毫升
生抽 ··················· 4 毫升
食用油 ················· 适量

【做法】

1 洗净去皮的芋头切片,再切条形,
改切成丁;处理好的猪瘦肉切成
厚片,再切条,改切丁,剁成末;
处理干净的鱿鱼切片,再切条形;
海米洗净切碎,待用。

2 用油起锅,倒入肉末、蒜末,翻
炒出香味,放入海米,翻炒均匀,
倒入鱿鱼,翻炒片刻,加入盐、
鸡粉、料酒、生抽炒匀,盛出炒
好的材料,装入盘中,待用。

3 砂锅中注入适量清水烧热,倒入
洗好的大米,搅拌均匀,放入芋
头,盖上锅盖,烧开后用小火煮
约 20 分钟。

4 揭开锅盖,倒入炒好的食材,铺平,盖
上锅盖,用小火续煮约 10 分钟至全部食
材熟软,盛出煮好的饭,撒上葱花即可。

鲜鱿鱼有弹性,不生硬,有点微湿。摸起来
硬的是陈货,越硬越不新鲜。

芋头不要切得太大,否则不易熟透。

TIPS: 食用新鲜鱿鱼时一定要去除内脏,因为其内脏中含有大量的胆固醇。

附录: 薯类营养成分查阅表

土豆营养素查阅表	
热量	318 千焦
糖类	17 克
脂肪	0.2 克
蛋白质	2 克
纤维素	0.7 克
维生素 C	27 毫克
维生素 E	0.3 毫克
胡萝卜素	30 微克
维生素 B_1	0.08 毫克
维生素 B_2	0.04 毫克
维生素 B_3	1.1 毫克
钙	8 毫克
硒	0.8 微克

红薯营养素查阅表	
热量	414 千焦
糖类	25 克
脂肪	0.2 克
蛋白质	1 克
纤维素	2 克
维生素 C	26 毫克
维生素 E	0.3 毫克
胡萝卜素	750 微克
维生素 B_1	0.04 毫克
维生素 B_2	0.04 毫克
维生素 B_3	0.6 毫克
钙	23 毫克
硒	0.5 微克

山药营养素查阅表	
热量	234 千焦
糖类	12 克
脂肪	0.2 克
蛋白质	2 克
纤维素	0.8 克
维生素 C	5 毫克
维生素 E	0.2 毫克
胡萝卜素	20 微克
维生素 B_1	0.05 毫克
维生素 B_2	0.02 毫克
维生素 B_3	0.3 毫克
钙	16 毫克
硒	0.6 微克

芋头营养素查阅表	
热量	331 千焦
糖类	18 克
脂肪	0.2 克
蛋白质	2 克
纤维素	1 克
维生素 C	6 毫克
维生素 E	0.5 毫克
胡萝卜素	160 微克
维生素 B_1	0.06 毫克
维生素 B_2	0.05 毫克
维生素 B_3	0.7 毫克
钙	36 毫克
硒	1.5 微克